李淼 著

# 淼叔说量子力学

## 想象一个微观世界

海峡出版发行集团
海峡文艺出版社

云像东方

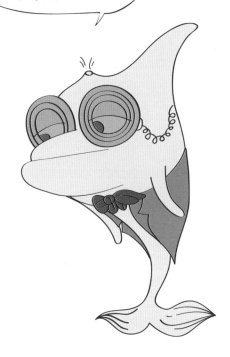

量子世界超出你的想象，会打破你对熟悉世界的认知。

为什么要了解量子力学？

# 目录 ●

第 2 章
# 量子力学站在巨人的肩膀上

第 3 章
# 现代量子力学奠基人

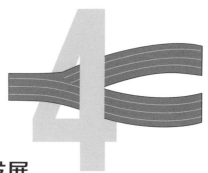

第 4 章

# 量子力学的后续发展

第 5 章

# 量子力学改变现代技术

3

**淼叔说量子力学：想象一个微观世界**

第 6 章

# 关于量子力学的一些问题

第 1 章

# 想象一个我们看不到的世界

我们时常能听到"量子力学"这个名词，但到底什么是量子力学？它和经典力学有什么不同？一个由量子力学主宰的世界，到底是什么样的？接下来，我们将开启一场量子世界之旅。

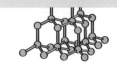

# 量子力学的开端

　　说起这个世界，我们都感到非常熟悉。抬头仰望星空，一张挂满闪烁星星的幕布高悬于头顶，银河正流淌其间，不知牛郎织女是否还在隔着银河相望，等待着七夕这一天的相聚。站在巍峨的泰山上，日出瞬间，金光染遍了云海，壮丽得令人震撼。

　　我们赖以生存的这个世界是多面的，从不同学科的视角来看，它会呈现出不同的面貌。我刚才用文学的语言对它进行了描述，较为粗糙地展示了一些意境。如果说文学描绘的是世界美的一面，那么从物理学的角度来看，这个世界会是怎样的呢？

　　我先问一个问题：物理学是怎么描述我们所在的世界呢？

　　你可能会回答："定律。"是的，我们可以这样认为。所谓的定律，就是指科学定律，它是对客观事实的一种表达形式。提到定律的发现，我们不得不说到艾萨克·牛顿。

在20世纪以前，我们对世界的认识主要来自牛顿，他发现了牛顿运动定律和万有引力定律。牛顿运动定律就是我们熟知的牛顿三大定律。

牛顿第一定律也叫作惯性定律，是说物体在没有外力作用的情况下，会一直保持它原有的运动状态。对于一个静止的物体来说，如果不对它施以外力，它将永远保持静止；而对于一个在真空中运动的物体，如果不给它以阻力，它将永远保持运动状态。在物理学上，我们把物体想要保持静止状态或匀速直线运动状态的特性叫作惯性。

牛顿第二定律是说力能改变物体运动的速度。比如，对一个静止的物体施以足够大的推力，它就会动起来；而对一个运动的物体施以阻力，它就会慢慢停下来。此外，对于质量越大的物体，改变其静止状态或运动状态所需要的力就越大。

牛顿第三定律是指当我们对物体施加一个作用力，就会受到它给我们的一个大小相等、方向相反的反作用力。比如，当我们

· 人对沙袋的作用力和沙袋回馈的反作用力

在健身房击打沙袋的时候，也能感受到沙袋回馈给我们的力；击打沙袋的力越大，沙袋回馈的力就越大。

万有引力定律是说，任何两个有质量的物体之间都存在着一种彼此吸引的力，这个力的大小与两个物体质量的乘积成正比，与两个物体间距离的平方成反比。这种力普遍存在于整个宇宙，它可以让成熟的苹果掉到地上，也可以让地球围绕太阳转。

根据牛顿运动定律和万有引力定律，我们可以解释小到飞机、火车、汽车，大到月球、地球、太阳等我们可见的物体的运行规律。这些物体的运动速度有快有慢，但相比于光速，还是差距很大。所以科学家把以牛顿运动定律和万有引力定律为基础的学科称为经典力学。经典力学描述的是宏观世界和低速状态下的物体运动。我们说的宏观世界，就是用肉眼可以看到和测量的世界。

在牛顿力学的框架下，物体的运行规律是确定的。当我们知道了某一个物体现在的位置和速度，只要把它们放进公式，就能知道它在未来任何时刻的位置和速度。因此，牛顿的物理学规律所反映出来的思维方式也被称为决定论。

18世纪的法国天文学家皮埃尔-西蒙·拉普拉斯就是决定论和牛顿力学的忠实信徒。

拉普拉斯用牛顿力学计算了太阳系中行星的运动，并将它们写成了一本叫《天体力学》的书，献给了当时刚刚登基的法国皇帝拿破仑·波拿巴。这本书后来成为经典天体力学的代表作品。

拉普拉斯说过："我们可以把宇宙现在的状态视为其过去的果以及未来的因。如果一个智者能知道某一时刻所有的力以及所有物体的运动状态，那么未来就会像过去一样出现在他的面前。"拉普拉斯口中全知全能的智者，后来就被人称为"拉普拉斯妖"。

· 拉普拉斯和拿破仑

# 想象一个我们看不到的世界

· 拉普拉斯妖

在牛顿力学或说决定论的思维下，世间万物就像上了发条的大钟，在能量耗尽之前，会一直按照物理学的规律有条不紊地运转下去。因此，有一段时间，人们一度认为以牛顿力学为基础的经典力学已经说明了物理学的完备，接下来能做的只是对经典力学的修补。

如果我们只停留在我们可以看到的、听到的、嗅到的这个可感的世界，那么这种说法有一定的合理性。但可惜的是，除了我们生活的这个宏观世界之外，还存在一个仅凭肉眼无法观测到的微观世界。

宏观世界我们都知道，可是微观世界在哪里呢？

让我们做一个想象。现在面前有一台电脑，它分为显示器和主机。把主机拆开，里面有主板，在主板上有集成电路、CPU、内存条……每一个部件一定又是其他东西组合而成。很显然，拆得越细，物质就小，直到它小得我们不借助显微镜等机器就无法看见。于是，我们就慢慢接近了一个微观世界。

实际上，早在几千年前，人类就在思维层面发现和探索了微观世界。古希腊的哲学家们通过对自然界的观察和思考，认为万事万物是由一种或者几种基本的物质组成。古希腊第一位哲学家泰勒斯认为世界是由水组成的。另一位哲学家赫拉克利特则认为形成万物的基本物质是火。而有些希腊哲学家则拥护"水、火、土、气"四元素的通说。

值得特别留意的是以德谟克利特为代表的原子论。德谟克利特认为世界万物都是由同一个物质组成的，他把这种物质称为"原子"。

## 想象一个我们看不到的世界

如果我们把一块石头敲碎，就会得到许多小石块，这些小石块也可以继续被敲碎，变成更小的石块。我们就这么一直敲下去，最后会敲出一个再怎么敲也无法继续被分割的最小石块。那么，这个再也无法被分割的石块就是"原子"。

"原子论"在古希腊只是一种哲学上的思考，无法被当时的科学技术所验证。但是它遵循的逻辑有一定的合理性。于是，"原子论"对近代科学产生了深远影响。牛顿就是一个"原子论"者，提出了物质组成粒子说，认为光本质上是微粒。

提到原子论在物理学中的发展，我们要说到著名的奥地利物理学家路德维希·玻尔兹曼。

玻尔兹曼认为解释宏观现象的根本原因，最简单的办法就是假定分子和原子是存在的。他曾假设，一团气体的温度其实代表着这团气体里面的分子和原子运动的速度，这些分子和原子的速度越快，气体的温度就越高；而热量从温度高的地方向温度低的地方传递，也是因为分子和原子的运动。

玻尔兹曼一直相信世界是由原子构成的，并以此为基础创立

· 分子和原子的速度越快，
气体的温度就越高

了一门叫"统计力学"的学科。不过在1910年以前，物理学界普遍不相信原子论，所以玻尔兹曼在学术上有一大批反对者。这些人常年攻击原子论，甚至直接攻击玻尔兹曼本人，这让他感到很痛苦。玻尔兹曼曾感慨自己是一个"软弱无力地与时代潮流抗争的人"。

但玻尔兹曼并非孤军奋战。当时，有一个年轻的德国科学家也站在他这边。而这个德国科学家不是别人，正是日后被称为"量子论之父"的马克思·路德维希·普朗克。不过玻尔兹曼心高气傲，看不上当时还是无名小卒的普朗克。

到了20世纪初，阿尔伯特·爱因斯坦提出了一个非常聪明的办法来证明分子和原子是存在的：通过放大镜观测花粉在液体中的运动，来间接地观察分子和原子。这种运动就叫作布朗运动。

花粉虽然小到我们肉眼看不到，需要用放大镜去观察，但是它们还是没有小到分子和原子那样的程度。因此，花粉也还是一个比较宏观的物体。爱因斯坦认为，由于

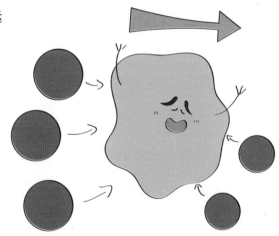

· 花粉在分子和原子的碰撞下，
  像醉汉一样做出无规则的运动

花粉受到液体里包含的大量分子和原子的碰撞，于是它们就会像醉汉一样，做出无规则的运动。

爱因斯坦认为，通过测量花粉的运动规律，例如每秒钟可以运动多远，就可以测量出单位体积内这种液体里面含有的分子和原子的数量，这个数值就是阿伏加德罗常数。

爱因斯坦是第一个用理论测量分子和原子的科学家。在爱因斯坦发表这个理论之后不久，就有其他物理学家试图验证他的理论，法国物理学家让·巴蒂斯特·佩兰最后通过实验测出了阿伏加德罗常数。这个常数代表了1摩尔的物体内有多少分子、原子。这样，我们就真的进入了一个此前只存在于想象中的微观世界。

随着物理学的发展，现在我们知道在微观世界中，不只有分子和原子。一个分子由单个或多个原子通过化学键结合而成。原子又由质子、中子和电子组成。所以，原子并不是古希腊人和早期科学家认为的那样，是不可分割的。现代物理学把组成物质的最小不可分割的单位称为基本粒子。一般认为基本粒子包括了夸克、轻子、规范玻色子和希格斯粒子四大类。

## 想象一个我们看不到的世界

看到这里，你或许已经被各种概念弄迷糊了。其实，我们只要记住，在微观世界，那里也有很多"居民"或勤快或懒惰地运动着。我们在宏观世界看到的各种现象，与它们紧密相关。

我们知道太阳发出的可见光有7种，而晴朗的天空却是浅蓝色的。这是因为光在穿过分布不均匀的大气层时发生了散射。再进一步深究，散射与电子、原子和分子等微粒的运动有关。如果我们要对这一现象追根溯源，就要往微观世界去找答案。

此时，你或许已经发现了问题。既然物理现象的最终答案要在微观世界中寻找，那么牛顿力学是不是就没用了？

当然不是。牛顿的物理理论和在他之后的经典物理学，是把宏观世界的各种物理现象当作既定的事实或一种规律。牛顿归纳总结出来的牛顿三大定律和万有引力定律，可以很好地用数学公式描述物理现象，但是牛顿并没能对引力的来源做出正确的解释，而是把它当作物体本身固有的属性，并止步于此。

显然，在经典物理学的框架下，即便是日常现象，很多也无法得到最根本的解释。例如为什么我们往一个水杯中倒入半杯

水，过了一段时间（不包括液体蒸发），它还是半杯水？经典物
理学的回答是"水在给定的温度和大气压下，体积不会变"。为
什么桌子能在很长时间内都不改变形状？电脑为什么可以长时间
使用而不会破损？开车的时候，我们为什么可以安心地坐在车里
而不担心车辆散架？经典物理学的答案是"它们是固体"。

· 我们为什么可以安心地坐在车里而不担心车辆散架

　　科学当然不能仅仅停留在对自然现象的描述和应用上，因为
穷根究底是一种重要的科学精神。而想要完整、深入地了解我们

生活的世界，就一定要探究微观世界。在千千万万的科学家的努力下，我们对微观世界的认识有了长足的进步，并发展出了一个与经典力学不同的物理学分支，它就是我们这本书的主题——量子力学。微观世界也有了相应的名称——量子世界。

在这本书中，我将带你走近量子力学，揭开量子世界的神秘面纱，认识那些为量子力学做出卓越贡献的科学家们。

第 2 章

## 量子力学站在巨人的肩膀上

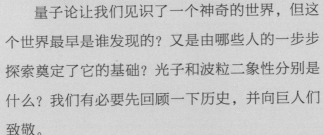

量子论让我们见识了一个神奇的世界，但这个世界最早是谁发现的？又是由哪些人的一步步探索奠定了它的基础？光子和波粒二象性分别是什么？我们有必要先回顾一下历史，并向巨人们致敬。

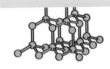

淼叔说量子力学：
想象一个微观世界

# 一、普朗克

量子力学正式诞生于1925年。从1900年德国物理学家普朗克提出"量子"的概念，到1925年为止，这段时间的量子物理学理论被称为老量子论。我们的量子世界之旅，就从普朗克和他的"量子"说起。

马克思·普朗克是德国的物理学家。1858年他出生于一个德国的高知家庭。普朗克的祖父和曾祖父都是神学教授，他的父亲则是法学教授。他的家庭并没有科学研究的传统。其实，童年时，普朗克的爱好并不是科学，而是音乐和文学，他后来在物理学家中也以善于演奏钢琴而著名。

相传普朗克之所以研究物理学，是因为他的一位中学老师的启发和激励。这位老师名叫缪勒，他给普朗克讲了一个故事：一

# 量子力学站在巨人的肩膀上

个建筑工人费了很大力气把砖头搬到屋顶上，这样一来，这个工人耗费的能量就被储存了起来。当砖头被风化之后松动了，从屋顶落下去，能量就会被释放出来，如果砸到了人就会使人受伤。这种能量的转移和释放就是能量守恒。

· 储存能量　　　　　　　　· 释放能量

19

这个故事给普朗克留下了深刻的印象，使得他把兴趣爱好从音乐和文学转移到了物理学上面。但后来也有一位物理学教授曾劝说普朗克，希望他不要学习物理，因为从当时的物理学界发展的角度来看，"这门科学中的一切都已经被研究了，只有一些不重要的空白需要被填补"。

　　但是普朗克没有被劝服，他给这位教授回信说："我并不期望发现'新大陆'，只希望理解已经存在的物理学基础，或许能将其加深。"在这个信念的指引下，普朗克开始了物理学的研究。

　　就这样，普朗克研究了大概20年的物理学。这时的他因对物体的温度和能量的研究而闻名。今天，我们把这类研究都归到热力学范畴。但是，这时候的普朗克离伟大的物理学家还有一步之遥。他需要等一个机会，幸运的是，这个机会并不遥远，一个热力学难题成了笼罩在物理学家头上的"乌云"。

　　19世纪下半叶，玻尔兹曼等科学家发现物体的温度和物体的能量具有一定的关系。

# 量子力学站在巨人的肩膀上

玻尔兹曼等人首先假设物体是由分子、原子构成的，当这些分子、原子高速运动起来，它们具有的动能非常大。在这个前提下，他们发现了一个重要的规律：物体中分子的能量和物体本身的温度是成正比的，当物体的温度提高1倍，内部分子的动能就提高1倍。根据这个规律，就能够计算出一团气体具有的总能量。

比如，我手中有一个气球，气球里面有气体，那么我就可以通过公式计算出当温度达到一定程度时，气体具有的总能量是多少。公式总能给我们一个固定的答案，并且这个答案一定是有限的数值。任何气体的能量都是有限的，终会消耗殆尽。通俗地说，当气体中的分子和原子不再运动的时候，就意味着气体的能量已经消耗完了。所以，一团体积有限、温度有限的气体的能量是有限的。

到了19世纪末、20世纪初的时候，物理学家们想把这个理论应用到光的研究领域，这时，亨利希·鲁道夫·赫兹已经用实验证明了詹姆斯·克拉克·麦克斯韦曾预言的电磁波的存在，并证实了光就是一种电磁波。

赫兹的实验很有意思。他用两个金属球做成一个装置，给其中一个金属球不停充电，使得这两个金属球之间形成了上万伏特的巨大电压，当电压高到一定程度时，空气就被击穿了，发出电

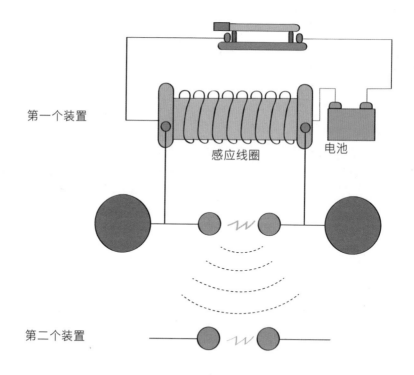

· 第二个装置的两个金属球接收到第一个装置发出的电磁波

火花，辐射出电磁波；在他的实验室另一端，有另一个非常类似的装置，也有两个金属球，当第一个装置辐射出电磁波时，这个装置上的两个金属球之间发出了微弱的光，这就说明，这两个金属球接收到了第一个装置发出的电磁波。

所以，当19世纪末、20世纪初的物理学家们想把赫兹的发现、麦克斯韦的理论和玻尔兹曼的分子原子理论结合起来，运用到对光（电磁波）具有的能量进行研究时，他们设想的是：如果给气体设定一个温度，能够计算出它包含多少能量，那么给光（电磁波）设定一个温度，也应该能计算出它有多少能量。

当物理学家们把温度和能量的公式应用到麦克斯韦理论中时，发现光（电磁波）的能量是无限大的。当然，如果一个物体有无限大的能量，这倒是一件好事，因为这样我们就会有取之不竭的能源。但是在物理学的理论中，不存在具有无限大能量的物体。

那么，物理学家怎么会计算出光和电磁波拥有无限大的能量？

这是因为物理学家们并没有假设光和电磁波与普通物体一样是由分子、原子构成的，而是认为光是连续的。这就像我们过去在经典世界里不会去分解一杯水一样，因为我们认为水是连续的，一杯水就是在一个杯子的空间里充满了水。物理学家也假定在空间里充满了光，这些光是连续的。按照麦克斯韦的理论来说，光呈现出的是连续的波的状态。

什么是波？

波是某种东西在传播过程中振动的现象。比如，水波是由水的上下振动而产生的；声波是由空气的振动而产生的。

如果把"物体的温度与它的能量有关"这一理论应用到波上，我们就会得到一个一成不变的答案：无论波的温度有多高，它的能量是无限大的。

"光和电磁波含有无限大的能量"与物理学上"不存在具有无限能量的物体"之间的矛盾，也困扰着普朗克。为了解决这个

矛盾，普朗克提出了一个假设：物体的热辐射所发出的光，其能量并不连续，而是一份一份的，大小等于光的频率乘以一个很小很小的常数。这个常数后来就叫作"普朗克常数"，记为 $h$。

普朗克把这种基本单位的能量叫作"quantum"，也就是我们今天所说的"量子"，有时候也称作"能量子"。这个词来源于拉丁语中的"quantus"，意思是"有多少"。其实，第一个使用"quantum"这个词的物理学家并不是普朗克，而是德国物理学家兼生理学家亥姆霍兹。

　　普朗克提出的能量子的概念意味着，虽然电磁波从表面上看是不可分割的，但其实它具有的能量是可以分割的，并且能分割到的最小的单位——量子。因此，尽管光不像普通物体那样由分子、原子构成，但是它的能量是由量子组成的。这样一来，通过已知的由麦克斯韦、玻尔兹曼等人建立起来的理论，加上量子的概念，就可以计算出电磁波和光的能量，而这个能量是有限的。

　　除此之外，普朗克还给出了一个新的公式，解释了光的能量与温度之间的关系：一个单位体积里面的光的能量，随着温度的四次方变化。也就是说，光的温度提高到2倍，它的能量就提高到16倍；温度提高到3倍，能量就提高到81倍。由此一来，普朗克终于得到了一个不朽的公式：普朗克公式。

　　通过普朗克公式，我们知道了光的能量和温度之间的关系，还能计算出不同频率的光的能量。

我们肉眼可以直接看到的光，叫作可见光，牛顿把可见光光谱分成红、橙、黄、绿、青、蓝、紫七种颜色，就像我们看到的彩虹。其实，可见光的频率范围，就介于红光和紫光之间。根据普朗克公式，其中红光的频率最小，波长最长，能量也最小；紫光频率最大，波长最短，能量也最大。

比红光能量更低的光是红外线，它是不可见光，利用它可以制成夜视仪、遥控电视机和空调等。比红外线能量更低的是微波，它可以用来加热物体，我们家里用的微波炉，就是利用了微波能加热物体的特性。比微波能量更低的是无线电，电视、广播、手机和无线网络信号，就是通过无线电来传输的。

刚才说的都是能量比较低的光，相对的当然也有能量比较高的光。比紫光能量更高的是紫外线。如果我们天天在外边晒太阳的话，皮肤就会被晒伤，而晒伤皮肤的罪魁祸首就是紫外线。比紫外线能量更高的是X射线，它的穿透本领很强，我们在医院拍的X线片用的就是X射线。比X射线能量更高的是伽马射线，它的能量

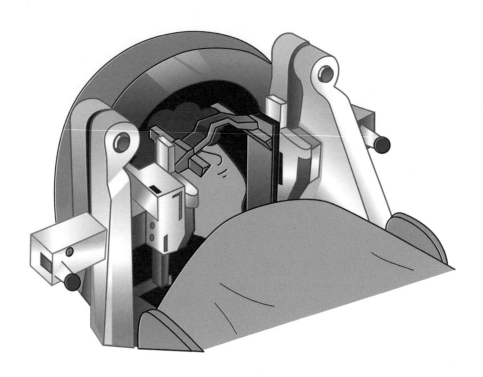

· 伽马射线可以用来给病人做手术

非常高，所以可以当成一种特殊的手术刀，用来给病人做手术。

正因为普朗克公式，普朗克获得了1918年诺贝尔物理学奖。

这个理论我们直到今天还在使用。为了纪念普朗克在物理学上做出

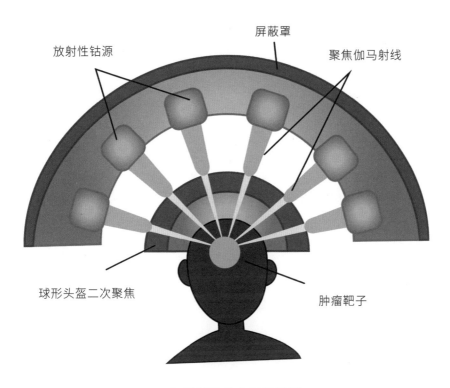

放射性钴源

屏蔽罩

聚焦伽马射线

球形头盔二次聚焦

肿瘤靶子

· 伽马射线的应用示意图

的贡献，2009年，欧洲航天局以他的名字命名了一架新发射升空的太空望远镜。这架望远镜携带了很多非常灵敏的观测仪器，用来深入探测宇宙中的微波背景辐射。

29

# 二、爱因斯坦

量子被普朗克带入物理学的新跑道后，爱因斯坦很快就接住了这一棒。

爱因斯坦出生在德国的一个犹太家庭，为了避免在德国军队里服役，于是跑到瑞士去考大学。结果他第一年高考时落了榜，到第二年才考上苏黎世联邦理工学院。爱因斯坦是一个恃才傲物的人，在大学期间经常不去听课，他的老师们都对他很不满。当时物理系的系主任韦伯就曾批评爱因斯坦不喜欢听取他人的意见。这就导致他毕业的时候，没能在大学里找到工作。

在大学毕业后的两年时间，爱因斯坦过得相当艰难。他曾经在中学教过课，给小孩子做过家教，甚至还当过一段时间的无业游民。后来靠着一个大学好友的父亲帮忙，他才在一个专利局找到了一份稳定的工作。这份工作薪水不高，但是比较空闲，于是爱因斯坦就有了时间从事他心爱的物理学研究。

到了1905年，原本默默无闻地做着物理学研究的爱因斯坦突然爆发，一年之内就以狭义相对论、关于布朗运动的理论研究和对光电效应的解释震惊了世界，这一年在后来被我们称为"爱因斯坦奇迹年"。

· 爱因斯坦

其中，爱因斯坦对光电效应的解释正是人类在理解量子世界的道路上迈出的第二步。

光电效应是物理学家在做实验时发现的一个现象：用光照射金属就可以从其内部打出电子。这并不难解释，光可以把自身的能量传递给电子，使它获得足够的能量从而挣脱金属原子核对它的束缚。但难以解释的是，这种现象的出现依赖于光的频率而不是能量大小。只有在一定频率之上的光才可以把电子从金属中打出；而在此频率之下的光，无论照射多长时间，也无法把电子打出来。

这用经典力学是无法解释的，因为在经典力学中能量是连续的，是可以积少成多的。按照这种思路，只要持续照射，能量应该越来越多。就像我们敲一枚钉子，用小锤子无法一下敲到底，而用大锤子可以对钉子施加更大的力，一锤就能完成。但现在光电效应实验告诉我们，能不能把钉子一次敲到底，跟锤子的大小和力道没有关系，用小锤子能完成，用大锤子就不行。

爱因斯坦是怎么解释这个现象的呢?

在爱因斯坦的奇迹年——1905年,距离普朗克提出量子概念的5年之后,爱因斯坦把普朗克的量子说应用到对光的定义上,提出了"光量子"的概念。他提出光是由一种叫"光量子"的基本粒子构成的,后来我们把这个"光量子"叫作光子。

· 只有在一定频率之上的光才可以把电子从金属中打出

普朗克已经说明了，光是由一份一份很小的能量构成的。在1900年的论文中就已经指出，光的一份能量，等于普朗克常数乘以光的频率。普朗克常数的数值非常小，用数量级的概念来讲，只有$10^{-27}$，它的单位是尔格·秒。

尔格是什么？尔格就是用长度以厘米、时间以秒、质量以克为单位计算出来的最基本的能量单位。我们知道焦耳也是能量单位，尔格则比焦耳小得多，1尔格等于$10^{-7}$焦耳。由此可见，光的一个量子是非常非常小的。

于是爱因斯坦就大胆假设，这个能量子的携带者本身就是一个基本粒子，这个基本粒子不是其他的东西，就是光子。

光子为什么能解释光电效应？因为光子很好地解释了光本身并不是连续的，当我们把光投到金属板上，是一个个的光子和一个个的电子发生作用。光子携带的能量取决于光的频率，频率越高，光子的能量就越大。

如果一个光子的能量比较大，它传递给电子的能量也比较大，只要这个能量大到足以让电子挣脱金属原子核的束缚，电子就会立刻从金属里跑出来。但如果一个光子的能量比较小,它传递给电子的能量也比较小,要是这个能量一直小于一个电子逃出去所需要的最小能量,那么电子就会一直被束缚在金属内部。这有点像招生考试,只要能达到录取分数线,就能被录取;如果达不到,即使考到天荒地老,也不能被录取。

对光电效应的解释,让爱因斯坦获得了1921年诺贝尔物理学奖。

# 三、玻尔

普朗克和爱因斯坦的量子论的讨论对象都是光，而光是一种特殊的物质，当我们谈论量子的出现改变我们对世界的认识时，我们谈论的则是更普遍的物质。这些物质通常是由分子和原子构成的。

将量子论延续到物质的结构，特别是原子结构的人是丹麦物理学家尼尔斯·玻尔。

玻尔年轻时是一个非常有名的足球运动员。他还有一个后来当了数学家的弟弟，他的弟弟曾经代表丹麦国家足球队参加过奥运会，并且获得了奥运会的银牌。他们都曾效力于哥本哈根大学足球队。这是一支很强的球队，多次获得丹麦全国比赛的冠军，玻尔则是这支球队的守门员。正因为球队很强，一般都是他们去围攻对手的球门，很少会被对手威胁自己的球门，所以作为这支强队的守门员，玻尔绝大多数时间都是很闲的。

为了打发时间，他养成了一个"坏"习惯：在空闲的时候找几道物理题来计算。有一次，他们球队和一支德国球队比赛，玻尔又习惯性地算物理题，结果德国球员发动反击的时候，看到对方守门员在发呆，就选择直接远射吊门。当玻尔还沉浸在物理的世界时，球门就被德国人攻破了。玻尔所在球队的教练勃然大怒，从此以后，玻尔就只能做一个替补守门员了。

玻尔是一个伟大的科学家，同时也是个非常有人格魅力的领导者。他在他的母校哥本哈根大学创建了著名的尼尔斯·玻尔研究所，后来有32位诺贝尔奖获得者在这里工作、学习和交流，这让尼尔斯·玻尔研究所在20世纪二三十年代成为国际物理学研究的圣地。

有一次，玻尔去苏联科学院访问。有人问他："请问您用了什么办法，让那么多有才华的年轻人都团结在自己的周围？"玻尔笑着回答："因为我不怕告诉年轻人我是傻瓜。"结果翻译一紧张，把这句话翻成了"因为我不怕告诉年轻人他们是傻瓜"，顿时引起了下面的哄堂大笑。因为当时的苏联人所熟知的苏联物理学泰斗朗道，就喜欢这么对待学生。

在研究原子结构时，玻尔将量子引入其中，确实做出了不小的贡献。

原子就好像一个微型宇宙！

· 卢瑟福

关于原子的内部结构，在玻尔以前，他的老师卢瑟福提出了一个行星模型，被称为"卢瑟福模型"。卢瑟福用 α 粒子轰击原子，发现原子是由原子核以及电子构成的。α 粒子是一种放射性粒子，由两个质子及两个中子组成，并不带任何电子。

卢瑟福是第一个发现了原子核原来非常小（原子核的直径是

原子直径的十万分之一）的物理学家。我们这里讲的是线性的尺度，也就是大小，而不是体积。卢瑟福提出在原子内部，带负电的电子们像行星绕着太阳公转一样围绕着原子核运行。

但这样的模型有一个问题，根据麦克斯韦的理论，带负电的电子和带正电的原子核之间不可能一直保持一个稳定的状态。这也就意味着，这种行星公转的结构维持不下去。

如何证明这个原子结构是稳定的？

玻尔在卢瑟福模型的基础上，以氢原子为研究对象，引入普朗克的量子化概念，提出了第一个原子量子模型。

在玻尔提出来的模型中，氢原子的电子也像行星一样绕着氢原子核转，但是玻尔进一步假设了电子的轨道是量子化的：每个电子只能在特定的轨道上运动，而这些轨道是彼此分立的。这样的轨道有点像学校操场上的跑道，而电子就像是参加学校运动会的短跑运动员，只能在自己的跑道上跑步。

这是为什么？因为玻尔认为电子的能量跟光的能量一样，不是连续的，而是量子化的。电子只能在某个特定的能级里运动。这些特定的能级，对应的就是特定的轨道。这些轨道也不是连续的，而是分立的，与普朗克常数有关。

这意味着，在原子内部，我们不可以任意地把电子挪近原子核，或者把电子和原子核之间的距离拉开。


玻尔认为电子在原子里的轨道是可以计算的。

这些轨道有很多，或者说有无限多个，但是它们都可以用自然数来标记，比如第一个轨道、第二个轨道、第三个轨道等。

玻尔又是如何发现这些轨道可以用整数标记的呢？这来自巴耳末公式的启发。巴耳末公式是表示氢原子光谱线波长的经验公式，于1885年由瑞士数学教师巴尔末提出。而氢原子光谱线则是光谱学领域的研究对象。

关于光谱学的研究历史我们不在这里陈述，只简单了解一下光谱线是怎么回事。

当我们在燃烧煤炭的时候，可以测量这块煤炭发出的光的频率以及光的颜色。或者，当我们把一块铁熔化的时候，铁的温度就会变得非常高，同时也会发出光。现在还有激光器这样的科学仪器，可以测量物体发出的光。而所有这些东西能发光都是因为原子的作用。也就是说，当我们把一个原子加热到一定温度时，它就会发出光来。每种原子的光谱线都是特定的、唯一的，而且原子的光谱线也不是连续的。

氢原子是最简单的原子，它只有一个质子和一个电子，是研究物质内部结构及原理的首选研究对象。19世纪下半叶，科学家们发现了氢原子的光谱线，它呈现为一条条不连续的线段，每条线段都对应一个频率。这些频率之间的规律是什么样的，为什么会呈现出这样的规律？

1885年，巴耳末计算出了这个规律，并将其总结为一个公式，即巴耳末公式。值得一提的是，巴耳末公式里的变量是任何大于2的整数，这表示氢原子发出的光的频率也可以用整数来进行标记。

但人们还是不知道这个公式背后的含义是什么，直到玻尔在友人的提示下看到了这个公式，他瞬间明白了。

根据普朗克的理论，物体的热辐射所发出的光，其能量并不连续，而是一份一份的，大小等于光的频率乘以普朗克常数。所以，当电子从一个轨道上跳到另一个轨道上，也就是从一个能级跳到另一个能级上时，它释放出来的光对应的频率是特定的，因

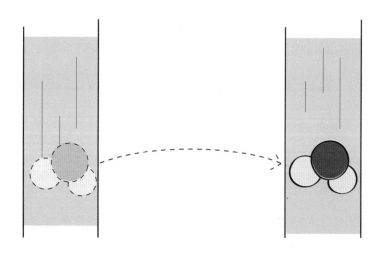

· 电子从一个能级跳到另一个能级会发出光

此它发出来的光是一条一条分开的。

所以，原子的光谱线的每一条线段对应的就是原子里的电子从一个能级跳到另一个能级时发出的光。

而电子的轨道对应的就是不同的能级，所以，电子的轨道也应该可以用整数来标记。

在玻尔提出的原子量子模型的基础之上，爱因斯坦又重新推导了普朗克公式，他假设了原子有两种可能的辐射：一种是电子自发地从一个能量状态跳到另一个能量状态，也就是自发辐射；另一种就是假定一个原子的周边突然跑过一个光子，这个光子的能量刚好使得原子中的电子受到了共鸣，这个电子就会辐射出同样波长的光子，也就是受激辐射。受激辐射被提出后，大约过了10年，物理学家才首次用实验证明了它的存在。也正是因为受激辐射效应，科学家们发现了激光。

因为对原子结构以及原子发射出的辐射的研究，玻尔在1922年获得了诺贝尔物理学奖。

# 四、德布罗意

接下来，量子物理的一个重大发现就是路易·维克多·德布罗意论证的波粒二象性理论。波粒二象性指的是微观粒子同时具备波动性与粒子性双重性质。

什么叫作波动性？什么叫作粒子性？我们从波的定义和性质来看。

我们在前面简单提到，波是某种东西在传播过程中振动的现象。比如，水波是由水的上下振动而产生的；声波是由空气的振动而产生的。

波有四个基本性质。

波的第一个性质是振动。比如前面提到的声波，一定有个振动的东西作为振动源，导致空气也跟着振动。同样的，我们往水里扔一个石子，击打出来的水波也是一个振动的表现。有了振动之后，就有了频率。当我们敲击一个音叉，这个音叉发出的声音的频率就是它在单位时间里振动的次数。水波也有这样类似的情况。我们盯住水面上的一点看，水波的一次起伏，就是振动一次，在单位时间里振动的次数就是水波的频率。

波的第二个性质就是传播。就是说，它会从一个地方传播到另一个地方。

关于波的第三个性质，我们在日常生活里可以看到，但是很少会谈论到，我们把它叫作干涉现象，即两个波之间发生相互关系、相互作用的一个现象。比如说，我们在一条河的不同方位丢了两颗石子，产生两个水波。这两个波一开始是没有关系的，分别独立地传播。但是当两个波碰到一起的时候，就产生了一个新的波的图像，这就是两个波的干涉现象。

波的第四个性质叫衍射，我们通常也很少谈论。衍射是什么意思呢？波和粒子是不一样的。我们向前丢出一颗石子，如果碰到一堵墙，或者碰到一棵大树，这颗石子就会被阻挡下来，穿不

· 水波具有干涉现象

过去。这是粒子的性质。而如果我们把石子换成波会发生什么情况？如果是波遇到一堵墙，假如这堵墙只有一半，波不会被完全阻绝，它会从墙边绕过去，就像当水波遇到桥墩，它不会像一个粒子一样被桥墩阻隔，而是会绕着桥墩继续传播，这就是波的衍射。

以上所说波的四个重要性质，粒子都不具备，也就是波和粒子的主要区别。显然，一个东西既是波，也是粒子是反直觉的。

这种反直觉受到人们的关注，还要谈到爱因斯坦以及科学界对光的性质的漫长争论。

在爱因斯坦提出光是由光子构成的之前，根据麦克斯韦的完美方程，人们普遍相信光是一种波，它可以传播，可以发生干涉和衍射。

我们知道，声波必须有介质才能传播。比如我们说话的时候，是声带的振动引起了空气的振动，空气中大量的粒子一起振动，就形成了声波，才会发出声音。同样，石子丢到水里面，需要由水来承载这个波，水中大量的分子一起振动，就形成了水波。这种通过介质的振动所产生的波，我们叫它非基本波，因为它是由其他更加基本的东西构成的。

那么，光波是什么介质振动引起的呢?

其实，什么也不是，光波是一个基本的波。尽管在19世纪末，很多物理学家，包括预言电磁波就是光的伟大物理学家麦克斯韦，都曾经想象也许电磁波和光波也需要一种介质，这种介质在这些物理学家眼里叫作"以太"。

后来爱因斯坦提出了相对论，在相对论里，是不需要介质来解释电磁波的。也就是说，电磁波是基本的，它在真空里面就可以传播，我们把这种波叫作基本的波。这个世界上存在着两种基本的波，一种是光波，还有一种就是引力波。

然而也是爱因斯坦，提出了光也是由基本粒子构成的，这个基本粒子就是光子。

如果光是粒子，那么它为什么会呈现波动性，可以发生干涉和衍射？

现在的科技水平能够让我们观测到单个的光子。但是，在爱因斯坦的时代还观测不到单个的光子。所以爱因斯坦假设，当大量的光子在一起的时候，它们看起来就像一个波。比如，当大量的原子在一起时，如果每个原子都辐射一个光子，当这些原子同时辐射光子的时候，光子们一起跑出来，就形成了光波。这也就是我们前面谈到的光谱的现象。

既然光子同时具备粒子性和波动性，那么同样是基本粒子的电子是否也是如此呢？德布罗意在1923年提出了这个问题，并且在1924年发表的博士论文里给出了答案：电子也具有波动性。

　　德布罗意是一个传奇性的人物，因为他在年轻的时候并没有花费大量的时间研究物理，他最初的兴趣是法国历史。他出生在1892年，他的家族拥有法国公爵的头衔，他的大哥莫里斯·德布罗意也是物理学家，也是在莫里斯的影响下，德布罗意才把兴趣转向物理学。后来第一次世界大战爆发，德布罗意应征参战，一战结束后，他重新回到大学。

· 大量光子聚集成波

　　1924年，当德布罗意提出电子也呈现波动性时，他的导师以及周边的人都认为他的想法很离奇，但爱因斯坦支持了他的想法。

　　爱因斯坦在1905年提出了一个著名的公式：物体的能量等于

物体的质量乘以光速的平方，其中光的速度永远不变。而普朗克更早之前还提出：物体的热辐射所发出的光，其能量并不连续，而是一份一份的，大小等于光的频率乘以普朗克常数。爱因斯坦后来根据普朗克的理论提出光子的能量等于光的频率乘以普朗克常数。

德布罗意将两个能量公式结合，就得出了：一个运动的粒子，相当于一个沿着粒子运动方向运动的具有一定频率和波长的波。

于是，德布罗意就将光子的波粒二象性延伸到了所有粒子上，提出了"万事万物都是波"的理论。

1927年，两个物理学家在不同的场合分别验证了电子确实像波一样，它碰到半面墙可以产生衍射现象，会从墙的一侧绕过去，这就是电子的波动现象。因为这个研究成果，德布罗意在1929年获得了诺贝尔物理学奖。

既然电子是波，那是否也有一个方程能描述它的波动？在这个启发下，奥地利物理学家埃尔温·薛定谔在1926年提出了薛定谔方程，从此开启了量子力学新纪元。

# 五、泡利

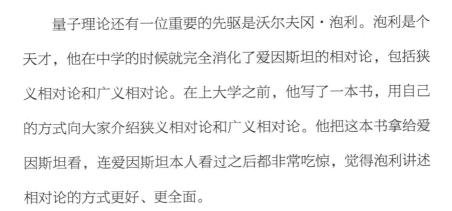

　　量子理论还有一位重要的先驱是沃尔夫冈·泡利。泡利是个天才，他在中学的时候就完全消化了爱因斯坦的相对论，包括狭义相对论和广义相对论。在上大学之前，他写了一本书，用自己的方式向大家介绍狭义相对论和广义相对论。他把这本书拿给爱因斯坦看，连爱因斯坦本人看过之后都非常吃惊，觉得泡利讲述相对论的方式更好、更全面。

　　泡利很喜欢跳舞，据说有一次他为了参加一个很大的舞会，而拒绝出席某一次的索尔维会议。索尔维会议是历史上最有名的物理学会议，能参加这个会议对物理学家而言是一件很荣耀的事情，但对泡利来说，它的重要性可不如跳舞。

　　1925年，泡利提出了一个重要的物理发现：两个同样的电子不能处于完全一样的状态，它们是互不相容的。这就是著名的泡利不相容原理。

　　什么是泡利不相容原理？正好泡利喜欢跳舞，我就拿泡利跳舞编一个小故事以便大家更好地理解泡利不相容原理。在一个舞会上，泡利发现了一个现象，男生和女生跳舞，通常都是一对一对跳的，他们会很不喜欢其他的男生或女生加入进来。假如用最简单的氢原子模型来类比，那就是，在一个氢原子核周围只能有一个电子，其他的电子根本就进不去，正如每个人只能有一个舞伴一样。

　　我们还可以用玻璃球来做比喻。虽然玻璃球无法满足泡利不相容原理，但是用它来举例更为直观。我们假定面前有两个一模一样的玻璃球，一个在左，一个在右。如果把它们互换一下位置，我们会觉得没有发生任何变化。

　　但是美籍意大利裔物理学家恩利克·费米指出，如果这两个玻璃球是两个电子的话，情况就不一样了，它们会有一个微妙的变化。也就是说，描述这两个"玻璃球"状态的波相差了一个符

· 氢原子核周围只能有一
  个电子,正如每个人只
  能有一个舞伴

号,由+1变成−1,由−1变成+1。但

是,用波的概率解释是没有变化的,

也就是说,在物理学上没有变化。

　　这是一个绝妙的方式。因为我们会

发现,两个一模一样的"玻璃球"放在

一起又互换位置后,如果它们的状态

完全没有变化,它们的波又怎么可能

由正变负、由负变正呢?答案就是,只有当这个波等于零的时候

才有可能,只有零才不分正负。可是,当一个"波"变成零的时

候,它的概率就等于零了,这种状态是不可能发生的。这样就解

释了泡利不相容原理——两个"玻璃球"不能处于同一个状态。

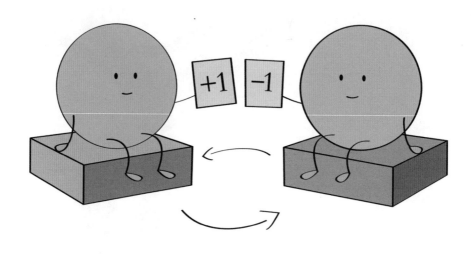

· 电子互换位置会改变各自的状态

　　泡利不相容原理可以诠释许多有关原子结构的理论，比如后来科学家们通过泡利不相容原理回答了为什么物质具有稳定性的问题，这也是我们在本书第一章提到的问题。

　　在日常生活中，我们会接触到很多物体，包括固体、液体、气体。它们通常都是稳定的。比如我们坐在椅子上面，一边用水杯喝水，一边打开桌上的电脑看着屏幕，桌椅、水杯里的水、电脑一般在很长一段时间内都不会突然变形走样或者爆炸。

这些物质的原子和原子之间存在着很大的空隙，当我们把水杯放在桌子上时，为什么水杯的原子不会从桌子的原子之间的空隙中掉下去呢？这是一般人平时完全不会思考的问题。

按照泡利不相容原理，两个电子不能处于同一个量子态，那么在原子内部的电子就不会全部掉入最低能量的轨道，它们必须按照顺序占满能量越来越高的轨道，因此，原子就会拥有一定的体积。假如我们把原子看成是由一对一对舞伴组成的，它们不喜欢其他的舞伴随便靠近，于是两个原子就势必要保持一定的距离。这就解释了我们前面说过的中间有很多空隙的物体不会突然缩小，以及水杯放在桌子上不会突然掉下去的问题。

泡利不相容原理对之后量子物理学的研究起到了重要的作用，被视为量子物理学的理论支柱。


微观世界有一个重要特质就是：基本粒子时时刻刻都在转动，就像在跳舞一样。用物理学术语来说，这就是粒子的"自旋"。所有的基本粒子都有自旋，无论是电子、中子、质子还是夸克，都在进行自我转动。

而电子的自旋理论也起源于泡利的一个最重要的发现。泡利通过实验得出一个观点：电子在原子的同一个能量状态里面处于稍微不同的两种状态。

我们前面提到过玻尔模型很好地解释了氢原子光谱线，可物理学家在进一步的研究中发现，把一条谱线放大的时候，它其实含有两条更细的谱线。也就是说，一条看似比较宽的谱线实际上是由两条更细的谱线组成的。

对这两条更细的谱线应该如何理解呢？很多理论物理学家都没有办法解释。但是泡利认为可以把它简单地解释为：当电子从一个能量状态跳到另一个能量状态的时候，它之前所处的那个能量状态其实包含两个不同的状态。这两个不同的状态之间有一点点细微的能量差，就导致了两条更细的谱线的出现。但他并没有深入地研究下去。

1925年，有一个叫拉尔夫·克罗尼格的物理学家发表了一个观点：泡利指的这两个细微差别的能量状态其实代表着电子不同的自旋方向。当一个电子处于一个能量状态的时候，同时还在转动，转动的方向可以是向上的，也可以是向下的。当向上的时候，就处于泡利所说的能量状态之一；当向下的时候，就处于泡利所说的能量状态之二。这样一来，就自然而然地解释了泡利所说的两个能量状态。

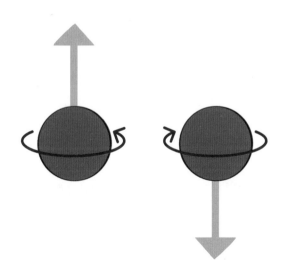

· 电子不同的自旋方向，可以向上，也可以向下

但是泡利本人非常不喜欢这个解释。他立刻把电子的转动和相对论结合起来，于是发现：如果电子在转动，它表面的转动速度就超过了光速。这和相对论是矛盾的，因此泡利反驳了克罗尼格的这个理论，说它破坏了光速最大的原则。于是，克罗尼格不得不放弃他的想法。

　　可是在同一年的秋天，荷兰的两位物理学家乔治·乌伦贝克和萨缪尔·古兹米特。这两个人有同一个导师，也是一个著名的物理学家，叫保罗·埃伦费斯特，是爱因斯坦的好朋友。他们以一篇短文发表了他们的想法，这篇短文仅有一页半，只刊登在一本著名杂志上的一个不起眼的角落里。但是在今天看来，这是一篇非常经典的文章。

　　在这篇文章里，乌伦贝克和古兹米特指出电子有自旋。尽管他们没有意识到这个自旋有可能和相对论矛盾。但是，和相对论矛盾的前提是假定电子像陀螺一样有一个具体的大小，这样它的表面才会有一个速度。可是如果电子没有大小，它就没有表面，也就不会和相对论产生矛盾了。所以，如果把电子看成一个点状的粒子，没有大小，就不会与相对论矛盾，泡利的反驳也就不成立了。

可其他物理学家发现这里面还有一个小小的漏洞：如果把电子放到相对论里面来研究，计算出来的某一个物理量跟实验的结果存在2倍的差异。也就是说，通过实验得出的数值与通过理论计算得出的数值相差了一个"2"。这让很多物理学家十分头疼，因为自旋很好地解释了光谱学，但是跟相对论存在着矛盾。

为此，玻尔亲自坐火车走访了很多物理学家。他在柏林站下了车，来到爱因斯坦家，对爱因斯坦说："电子自旋理论很棒，但是和您的相对论矛盾。"爱因斯坦说："别急，我重新用相对论计算了一下，也得出了这个'2'。"

于是，玻尔又坐上火车来到下一站，找到泡利，想听听泡利的想法。泡利说："我以前对克罗尼格的批评是错的，我也发现这个'2'是可以计算出来的。"两位著名的物理学家都计算出了这个结果，玻尔就放心了，于是把爱因斯坦和泡利的计算结果传播给了所有的物理学家。在玻尔的威望之下，电子有自旋的理论就正式成立了。

　　电子自旋同时也进一步论证了泡利不相容原理。1927年，泡利把自旋纳入了薛定谔的波动力学框架，提出了著名的泡利方程。泡利方程被很好地运用到原子的光谱学中。

# 六、玻色

但在所有基本粒子中，光子是特殊的，光子并不满足泡利不相容原理。光子的波长是一模一样的，有时甚至连自旋都是一模一样的。这是由印度的著名物理学家萨特延德拉·纳特·玻色发现的。

玻色可以说是印度历史上出现的第二个著名的物理学家，第一个是玻色的老师，1930年诺贝尔物理学奖的获得者拉曼。

玻色出生于1894年1月1日，当他在量子力学的历史上画上重要的一笔时才30岁，正在印度一所大学当讲师。有一次，他想给学生讲述光电效应以及我们在前文提到过的"光和电磁波具有无限能量"的问题，但他在应用理论的时候犯了错，却得出了跟实验一致的结果。

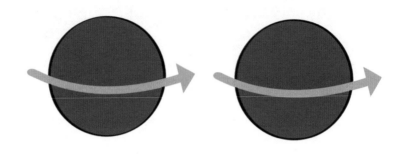

· 光子的波长一模一样, 不满足泡利不相容原理

于是玻色重新推导了普朗克关于光子的公式。他假设光子可以处于一个同样的能量状态，也就是假设光子不满足泡利不相容原理，并把这个新的推导写成一篇论文寄给爱因斯坦。爱因斯坦读过后，立刻就意识到这篇论文非常重要。于是，他亲自将其翻译成德语，并且以玻色的名义把这篇论文投递给当时全世界最著名的物理学刊物《德国物理学刊》。在爱因斯坦的支持下，这篇论文很快就发表了。

因为爱因斯坦的赏识，玻色得以第一次离开印度，前往欧洲留学，并且和很多大师在一起学习，比如德布罗意、居里夫人以及爱因斯坦等。1926年，玻色回到印度。此时的他已经不再是一位普通的大学教师了，他被升为正教授，当上了物理学系主任。

爱因斯坦虽然在1916年已经重新推导了普朗克公式，但是当他看到玻色又重新推导了一遍普朗克公式时，他突然意识到这里面有一个核心的想法，这个想法后来被称为玻色−爱因斯坦原理，它揭示了光子可以同处于一个量子态，而且所有的光子长得一模一样，不可区分。

在经典世界里面是没有这种现象的。在经典世界中，无论两个物体长得多么一样，我们都可以把它们区分开。我们或许会联想到孪生兄弟。但是光子之间的相同与孪生兄弟之间的相同还不一样，因为我们可以通过给孪生兄弟起名字，比如李大、李二，来区分孪生兄弟，但是我们无法给光子取名字，因为光子无法从根本上进行区分。

根据光子无法从根本上进行区分，以及光子可以处于同样的能量状态，我们就可以重新推导出普朗克公式。

其实，所有的基本粒子都满足这种不可区分性，电子也好，质子也好，中子也好，都是如此。但是我们不能忘记光子还有一个非常重要的特性：光子不满足泡利不相容原理。简而言之，光子可以处于同一个能量状态。这个特性也是激光存在的根本原因，我们在后面会具体介绍。

到这里为止，量子力学仅仅冒出了一点萌芽。我们习惯于将之前玻尔的原子模型、爱因斯坦的光量子说等发现称为旧量子力学。那现代量子力学的第一步是谁踏出的呢？我们将在下一章揭晓答案。

# 量子力学站在巨人的肩膀上

第 3 章

## 现代量子力学
## 奠基人

　　普朗克和爱因斯坦等人为旧量子论奠定了基础，那么现代量子力学有哪些进一步的发展呢？微观世界能够同时确定位置和速度吗？薛定谔和哥本哈根学派就此产生了怎样的争论呢？

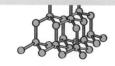

# 一、海森堡

　　玻尔的原子模型被认为是旧量子论最辉煌的贡献，因为它彻底颠覆了经典世界对物质的认知。我们前面提到的关于电子的研究和发现，大多也都以玻尔模型为基础。

　　但德国物理学家海森堡否认了玻尔模型主张的电子有确定的位置和速度的看法，甚至，他否认了原子内部存在所谓的电子轨道。而现代量子力学正是由他创建的矩阵力学和奥地利物理学家薛定谔创建的波动力学开始的。

　　我们首先来谈谈海森堡和他的矩阵力学。

　　海森堡是在德国慕尼黑大学读的博士，博士生导师是阿诺德·索末菲教授。索末菲教授可能是世界上最厉害的博士生导师了，在他的学生里，先后有7个人获得了诺贝尔奖，包括我们前

# 现代量子力学奠基人

面提到的泡利，此纪录至今无人能破。在这7位获得诺贝尔奖的学生中，有一个人成绩差到当年几乎毕不了业，而这个人就是海森堡。

慕尼黑大学当年有两个大牌的物理学家，一个是做理论的索末菲教授，另一个是做实验的威廉·维恩教授。博士答辩的时候，这两个教授会分别给学生打分，分数从高到低分为A、B、C、D、F五档。

· 海森堡

学生们只要平均成绩能达到C，就可以博士毕业。

在海森堡博士答辩的时候，维恩教授问他显微镜的分辨率该怎么算。这个问题对一个名牌大学的博士生来说，应该是很简单的。但是，海森堡当时就回答不上来。维恩教授看他连这么简单的问题都不会，一怒之下就给了他一个"F"。幸好索末菲教授很爱护自己的学生，他给了海森堡一个"A"，才让海森堡以"C"的平均成绩勉强毕业。据说这个成绩，在慕尼黑大学的博士毕业生里排在倒数第二。

但有趣的是，后来海森堡正是通过计算让他栽过跟头的显微镜分辨率，才发现了量子力学的不确定性原理，这是一个非常重要的发现，我们后面再详细介绍。

海森堡在1924年来到哥本哈根的玻尔研究所，与玻尔一起工作。当时玻尔的原子模型受到越来越多人的质疑，海森堡也为这个问题而困扰。同时困扰他的，还有因为花粉导致的过敏性鼻炎。于是他跑到一个叫赫尔戈兰的小岛上去度假疗养。

在这个小岛上，海森堡的过敏性鼻炎很快就好了，他的脑子也因此清醒了。在这期间，他揣摩原子和原子光谱的关系，终于决定摒弃玻尔的电子轨道的概念，构想出了划时代的理论，这个理论后来就被称为"矩阵力学"。

海森堡思考的过程是非常具有跳跃性的，我们没有办法来复盘。但是他的思路，我们可以大致了解一下。

# 现代量子力学奠基人

我们还是以氢原子为例。在玻尔的理论中，当电子从一个能量状态跳到另一个能量状态，要辐射一定能量的光。通过爱因斯坦的理论，光辐射出来的光子的能量和它的频率有关。所以，当我们测量出这个光子的频率的时候，就确定了当这个光子从氢原子里跑出来的时候，它的能量差是多少。

在海森堡看来，从可观测的角度来看，我们只能知道电子跃迁时的能量差是多少，而不能"观测"到它的轨道，即我们不能知道电子的位置和动量。这样一来，原子核外的电子就好像云一样模糊，这就是"电子云"的概念。

而一个氢原子发出的谱线，它的亮度是可以被测量的。从直观上来看，这个亮度一定是跟电子从一个能量状态跳到另一个能量状态的概率有关。电子跃迁的概率越大，它的亮度越大。于是，海森堡认为，电子从一个能量状态跳到另一个能量状态的概率是可以被测量的。

假如不存在轨道，只存在电子对应的能量值的状态，那么，海森堡的理论中就有了两个可测量的量：一个是能量状态的能量，一个是从一个能量状态跳到另一个能量状态的概率。他把这两个量结合起来，经过复杂的计算，就发现了量子力学的第一个表现形式。

海森堡将他的论文寄给了自己的一位老师马克斯·玻恩，玻恩指出他的计算结果可以通过数学上的矩阵来表现，并与他另外一个学生帕斯夸尔·约尔当一起用矩阵重新描述了海森堡的理

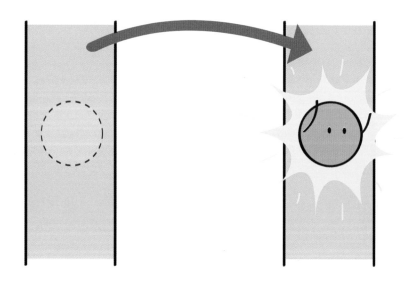

· 电子跃迁的概率越大，它的亮度越大

论，三个人在1925年合著了一篇论文，正式宣告矩阵力学的诞生。新的量子理论更替旧的量子论，就是从这里开始的。

之后，1927年，海森堡又提出了著名的不确定性原理。他提出，电子的位置和速度是没有办法同时确定的。当我们去测量电子的位置的时候，就完全不能测量它的速度；当我们测量电子的速度的时候，同样也完全不能确定电子的位置；当电子的速度越确定，它的位置就越不确定。

这颠覆了我们的认知。怎么可能没有办法同时确定一个物体的位置和速度呢？我们打网球的时候，要想预判球在下一刻的位置是什么，只有知道了这个球大概离我们有多远，并且知道球向我们飞过来的速度是多少，我们才能预判它下一刻在什么地方。

如果真的不能同时确定，那我们的生活不就乱了套了吗?

我们前面提到过，海森堡的不确定性原理与显微镜分辨率有关，但其实这是一个运用到显微镜分辨率的思想实验。我们来简单了解一下这个实验。

我们在测量一个物体的位置的时候，首先要看见它。而"看见"的原理，我们知道是由物体反射的光投到我们的眼中，所以我们得给物体一个光。而因为电子很小，所以我们需要用到显微镜。

根据对显微镜分辨率的计算和动量守恒定律，光的波长越短，越可以相对准确地测量电子的位置，但是，光的波长越短，它的动量就越大，而且会因为被散射而将动量传输给电子，电子的动量就会因此改变。物体的动量等于速度乘以质量，所以电子的位置越确定时，它的速度就越没有办法确定。而当我们用波长越长的光照射电子，虽然电子的动量受到的影响越小，但同时，电子的位置就越没有办法确定。

那如果显微镜非常精密，可以将所有对电子的干扰降到最小呢？

事实上，海森堡设计这个思想实验时，假想的就是最精良的仪器和最理想的实验环境。因此，因为电子太小了，所以哪怕再微小的"观测"都会对它产生影响。

于是，物理世界完全被颠覆了。它不再是我们看到的物理世界，而是我们完全没有办法想象的物理世界。在这个物理世界中，我们只能看到一个基本粒子的一面，而不能同时看到它的两面，就像我们只看到一个硬币的一面一样。

其实，玻尔所说的电子拥有轨道在一定程度上也反映了海森堡的不确定性原理。我们想象一个电子轨道：这个电子轨道的半径很大，即电子与原子核的平均距离比较远，这时电子的运动速度就比较小，相对来说比较确定，但因为轨道的半径很大，所以电子的位置就很难确定了，我们不知道它在原子核的左边还是右边。

很多物理学家都对海森堡有很高的评价，因为他的物理直觉非常强。我们甚至无法知道他的这种物理直觉从何而来，就像我们无法知道乔布斯是如何从带有键盘的手机一下子发明出了没有键盘的手机，这是一种跳跃性的创举，如同魔术一样。

在我个人看来，20世纪上半叶最伟大的物理学家，排在第一

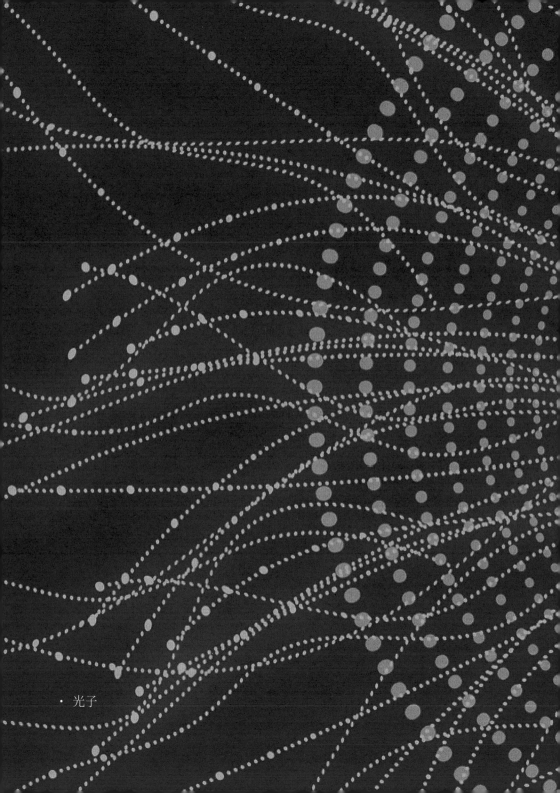

・光子

位的是爱因斯坦，其次就是海森堡。

为什么？英国物理学家弗里曼·戴森曾经对科学家进行过分类。他认为，科学家有两种类型，一种是刺猬型，一种是狐狸型。刺猬型的科学家只擅长一种技能，但是会把这种技能发挥得淋漓尽致。狐狸型的科学家善于跨界，可以了解很多不同的学科和方向。所以，"刺猬"往往能够做出颠覆我们世界观的发现，而"狐狸"则可以把"刺猬"的发现在不同的方向上发扬光大。

在我看来，海森堡是一个典型的刺猬型物理学家，他的物理直觉非常强。从物理学家的工作方法来看，海森堡是非常接近爱因斯坦的。

在发现矩阵力学之后，有一次海森堡和爱因斯坦聊天，他对爱因斯坦说："我终于明白您教给我们的一个真理，那就是，在物理学中，只有可以被测量的量才能被写进方程，才能进入理论。"爱因斯坦对他笑了一下，说道："现在我的想法变了，只有理论里面出现的量才是可以测量的量。"

一个硬币有两面。我们可以仔细去品味海森堡和爱因斯坦的交谈，尽管他们的看法有点不同，但是他们都有自己深刻的观点。当我们在谈论物理现实的时候，我们的理论只能谈物理现实。但是当我们在思考物理理论的时候，同时也在思考物理现实。

# 二、薛定谔

在海森堡创建矩阵力学之后，过了几个月，量子力学的第二种表现形式——波动力学诞生了，它的创建者就是我们提到过的奥地利物理学家薛定谔。

薛定谔出生于1887年，从小学习能力就很强，不仅跳级上了中学，在学校里老师要是遇到自己不会做的题目，就会把薛定谔叫到讲台上来救场。1906年，薛定谔进入了维也纳大学学习物理和数学，而维也纳大学是玻尔兹曼曾经工作的地方。薛定谔在1910年拿到博士学位后，加入了维也纳物理研究所，在那里研究气体分子运动和统计力学。

一战结束后，1920年，薛定谔成为德国物理学家马克斯·维恩的助理。维恩是耶拿大学物理研究所所长，主要科学研究领域是高频电子、声学和电解质电导。1921年，薛定谔成为苏黎世大学的教授。1925年，他读到了德布罗意的博士论文（该论文首次提出"物质波"的概念），并就这篇论文在苏黎世大学做了一次演讲。接着，他被提问："物质微粒既然是波，那有没有波动方程？"

1926年的1月到6月，薛定谔先后发表了6篇论文，提出了量子的波动方程，我们后来称之为"薛定谔方程"。

薛定谔写出量子的波动方程还受到一个启发，这里我们要简单介绍一下波动光学。

爱因斯坦认为，光波里面含有大量的光子。这些光子看起来像基本粒子，但是又不是基本粒子。光波有衍射现象，也有干涉现象。现在我们已经能用单个光子做实验，并且发现单个光子也有衍射的现象。换句话说，单个光子也可以绕道而行。而普通的粒子是做不到这一点的。这是基本粒子神奇的地方。

通过爱因斯坦的理论来看，当一个光子拥有很大的能量的时候，它更像我们日常生活中遇到的物体，比如一块石头，它就有接近固定的轨道。换句话说，当光的频率很高的时候，它就有一个所谓的几何现象。我们能够从光波里面画出一条直线或是画出一条曲线，这条直线或是曲线就是光子的轨道，我们在术语上把这个叫作几何光学。

波动光学遵守电磁方程，也就是19世纪麦克斯韦总结出来的电和磁的方程。这个方程是一个波动方程。那么，如何从波动方程过渡到一个粒子的几何方程呢？

· 当光的频率很高时，就有一个几何现象

这就要求，当一个电磁波具有很高的频率时，可以从麦克斯韦的方程中推导出一个几何方程，而这个几何方程看起来非常像一个粒子轨道的方程。所以在某种极限之下，光子就会有一个像我们日常生活中碰到的某个物体的轨道。

在从波动方程过渡到几何方程的这一过程的启发下，薛定谔写出了粒子的波动方程。

在这里我们不需要去了解薛定谔的推导过程，因为这需要一定的数学、物理知识储备。我们只需要明白描述微观粒子的运动时，每个微观系统都有一个相应的薛定谔方程式，通过解方程可以得出波函数的具体形式以及对应的能量，从而了解微观系统的性质。而且，所有粒子必须遵循薛定谔波动方程。除了光子以外，其他由基本粒子形成的波都叫作物质波，比如电子。所有的这些物质波都要满足薛定谔提出来的普适的方程。

正是通过薛定谔方程，物理学家发现在量子世界中，微观粒子能以一定的概率同时存在于很多地方。这种以概率来解释薛定谔方程的做法，被称为量子力学的哥本哈根解释。但有意思的是，薛定谔后来加入了反对哥本哈根解释的阵营，这一点和爱因斯坦很类似。

爱因斯坦由于发现光电效应而获得了1921年诺贝尔物理学奖，并被誉为量子论的先驱之一。但爱因斯坦非常讨厌哥本哈根解释，为此还留下了一句名言——"上帝不会掷骰子"。薛定谔也是如此，他也放过狠话："如果量子力学真的只能用概率来解释，我希望我的名字将来不要出现在量子力学的历史中。"

事实上，薛定谔的波动方程和海森堡提出的矩阵方程在数学上是等价的。我们不会在这里证明两者为什么在数学上完全等价，因为这两个方程实在是太复杂了！同时，从薛定谔的波动方程中，我们也可以看到海森堡提出的不确定性原理。

波动方程里面包含了空间和时间，也就是，我们可以谈论粒子的位置，但是暂时不能谈论粒子的速度，在什么情况下可以谈粒子的速度？德布罗意告诉我们，当粒子对应的波的波长越短的时候，动量越大。这个时候谈论粒子的速度就有点意义了。

在薛定谔方程里，我们就可以看到所谓的平面波。

我们首先解释一下平面波的含义。当我们在一条海岸线上看到很多波浪向我们涌来的时候，如果这条海岸线非常直，我们看到的波浪就是一排一排的，因为海岸线是直的，所以波浪的波峰也排成一条直线，下一个波峰也是一条直线，我们把这种波就叫作平面波。

当波成为平面波时，就有固定的波长和固定的频率，根据德布罗意的理论，我们就可以谈论粒子的动量，我们前面提到过，动量等于质量乘以速度，所以我们就可以谈论粒子的速度。同时，我们也不是不可以谈论粒子的位置，只是当粒子像一排排波浪向我们涌过来的时候，粒子充斥在所有的地方，我们完全不能确定粒子的位置。这就从另一个侧面表现出了不确定性原理：当速度完全确定的时候，粒子的位置完全不确定。

当我们看到的波不是平面波的时候，会发生什么情况？我们可以想象从海面上向我们涌来的是一个孤立的浪头，它的前后左右都没有其他波浪，这个孤立的浪头——我们把它称为"波包"——的位置就是相对比较确定的。尤其是当这个波包的宽度越来越小的时候，我们就可以越来越确定这个波包在什么位置。

但是在数学上，这个波包可以看成不同波长的平面波加在一起。这就是波的神奇的干涉现象：当很多不同波长的波加在一起时，就可以形成一个波包。而我们知道，不同的波长对应的粒子有不同的速度，即一个孤立的波包里面含有很多不同的速度。这就说明，当我们确定波的具体位置的时候，这个波里包含的粒子的速度完全不确定。这也同样验证了不确定性原理。


虽然薛定谔成为一个物理学家，但同时他也对生物学很感兴趣。晚年的时候，他写了一本书，叫《生命是什么》，尝试从物理学的角度来解释复杂的生命现象。这本书影响极其深远，有6位诺贝尔奖得主都声称，他们获得诺贝尔奖的成果是受到了这本书的启发。

# 现代量子力学奠基人

· 孤立的波包不能确定
速度, 平面波不能谈论
位置

# 三、玻恩

薛定谔方程提出后，曾与海森堡一起创建矩阵力学的玻恩主张用概率来解释薛定谔方程。

玻恩认为，薛定谔的波动方程中的波，其实就是粒子出现在某个位置上的概率。如果一个波比较强，就说明粒子出现在这个地方的概率比较大；如果这个波比较弱，则说明粒子出现在这个地方的概率比较小。这个波就像一团迷雾，神秘莫测。当这团迷雾在地点A浓一些，那么我们谈论的基本粒子在地点A出现的可能性就大一点；如果这团迷雾在地点B淡一些，我们谈论的基本粒子在地点B出现的概率就要小一点。

当薛定谔听到玻恩的概率解释之后，他认为这根本不是自己脑海中的理论。薛定谔认为当自己提出波动力学的时候，从没假设过波是一种神秘莫测的东西，从来没有表达过粒子出现的概率和波有关。薛定谔只是提出，这个波不是真实的存在，而是跟随着基本粒子假设出来的一个东西，因为当时的物理学家对基本粒子的了解不多，波只是一个临时性的解释。

在薛定谔看来，或许我们会重新回到牛顿的物理学经典世界中。粒子还是有确定性的轨迹，粒子的位置和速度都可以同时测量，而我们依旧可以通过这一刻粒子的状态，预言下一刻粒子的状态。他认为他的理论只是一个临时的解释，并不是最终的理论，将来要被更加准确的理论推翻和取代，尽管直至今天，他所做的预言，比如关于原子的一切，在现在看来都是正确的，而且在数值上几乎没有误差。

而玻恩，直到1954年，才因为"在量子力学领域的基础性研究，特别是对波函数的统计学诠释"而获得诺贝尔物理学奖。

# 四、狄拉克

接下来我们说说另一位量子力学的奠基人——保罗·狄拉克。1925年，新的量子理论诞生的时候，狄拉克还在剑桥读工科研究生。他的数学非常好，也有一定的物理直觉。

因为一个偶然的关系，狄拉克在科学刊物上看到了海森堡发表的关于矩阵力学的基本论文，他觉得海森堡所描述的这个抽象关系看起来很像经典力学里的某种关系。为了验证自己的想法，他半夜跑到了图书馆，可是图书馆已经关门了，第二天早上图书馆一开门，他第一个冲了进去，在一本书中找到了与矩阵方程相似的经典力学的公式。于是，狄拉克在海森堡的基础上，建立了矩阵力学完整的数学框架。

而狄拉克被称为现代量子力学的奠基人之一，很大一部分原因是他在1928年提出了狄拉克方程，这是一个描述量子力学变量的运动方程。

之前我们提到过，在1927年，泡利把自旋纳入了薛定谔的波动力学框架，提出了著名的泡利方程。1928年，狄拉克觉得泡利用波动力学的方式写下的方程不够完美，于是他用相对论的方式写下了另一个方程，也就是著名的狄拉克方程。狄拉克也凭此获得了1933年诺贝尔物理学奖。

狄拉克方程告诉我们，自旋不仅和相对论不矛盾，而且是相对论本身要求电子必须有自旋。这个自旋和普通的陀螺旋转不一样，它不是连续变化的，而是跳跃的，并且只能有向上和向下这两种可能的状态。

狄拉克方程非常完美地告诉我们，相对论和量子力学是如何精确地预言了电子必须有自旋。用狄拉克方程计算的结果，比用其他方程计算的结果更符合实验得出的结果。后来，物理学家在发现了一根光谱线里面包含两根细的光谱线之后，又发现了更精确的光谱线位置的测量方式，并由此证明了狄拉克方程的预言与

· 电子自旋不是像陀螺这样连续变化的

实验得出的结果相符。

狄拉克方程不仅第一次实现了相对论与量子力学的结合，还把海森堡的矩阵力学变成一个完善的理论，预言了反物质的存在，为建立量子场论奠定了基础，是物理学历史上具有重大意义的公式。

1930年，狄拉克发表了著作《量子力学原理》，完成了量子力学初步的综合，但这并不表示对量子力学的解释就不存在分歧了。

# 五、哥本哈根学派

在薛定谔提出波动方程后，他受到玻尔的邀请来到哥本哈根。两个人因为对量子力学的理解存在分歧而起了争执，结果到最后谁也没有说服对方。

在薛定谔与玻尔的这场争论之后，逐渐出现了一个物理学派：哥本哈根学派。这个学派以玻尔为首，其中包含了狄拉克、海森堡、泡利等著名的物理学家。我们前面提到，以概率来解释薛定谔方程被称为量子力学的哥本哈根解释。与哥本哈根解释相对应的，就是哥本哈根学派。

这个学派对量子力学的创立和发展做出了杰出贡献，后来也一直有人加入哥本哈根学派的阵营，哥本哈根解释也被称为量子力学的"正统解释"。

# 现代量子力学奠基人

我们前面也提到过，薛定谔是反对哥本哈根学派对量子力学的某些解释的，他的阵营里还有伟大的爱因斯坦。

我们将在下一章给大家介绍量子力学的后续发展。

薛定谔的猫就和哥本哈根学派有关哦！

第 4 章

## 量子力学的后续发展

　　微观粒子的不确定性引发了极大的争议。现代的科学家们是如何尝试解决这个问题的呢?他们成功了吗? 薛定谔的猫是什么? 其他人又是如何解释这只猫的生死不确定性的呢?

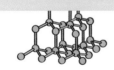

# 一、EPR思想实验

　　根据哥本哈根学派的观点，基本粒子一般会处于一个位置不确定的量子态，只有在处于某些特别的量子态时，它的位置是确定的。而且当电子处于某一个位置的时候，代表了一个量子态；处于另外一个位置的时候，则代表另一个量子态。

　　但是量子力学有一个特别重要的基本性质——量子态可以叠加。比如，电子处于位置1和处于位置2时的两个态是可以叠加起来的。当电子处于叠加态的时候，它的位置就有可能在位置1，也有可能在位置2，在这个时候，它的位置就开始不确定了。我们也可以把更多的不同位置的量子态都叠加起来。

　　根据玻恩的说法，基本粒子出现在很多不同的位置有一定的概率，这个概率能够用波函数来描述。薛定谔一直不接受玻恩的

# 量子力学的后续发展

· 叠加态的电子可能在位置1, 也可能在位置2

解释，他认为，波函数和量子态代表的不是电子的真实状态，而电子的真实状态应该是有固定轨道的，在任何时刻都有固定的位置，就像我们日常生活中接触到的事物一样。

当波动力学出现之后，爱因斯坦果断地站在了薛定谔的这一边。爱因斯坦说，物质波和粒子波都是临时的，不是最后的解释。粒子一定是同时具备位置和速度的，只是当前设计的实验还不完备，理论也不完善。

为了证明这一点，1935年，爱因斯坦召集了他的两个助手，鲍里斯·波多尔斯基和纳森·罗森，三人一起提出了一个著名的思想实验，叫爱因斯坦-波多尔斯基-罗森实验，简称"EPR思想实验"，三个大写字母分别代表了这三个人姓氏的首字母。

为了方便理解，我们不用物理学的理论知识来复述这个实验，而是借用一个比喻来简单告诉大家EPR思想实验到底说明了什么。

假设一个男人的年龄和他是否成为一个父亲是这个男人的两个性质，而我们只能观察到其中一个性质，不能同时确定他的两个性质。那么，如果这个男人和一个女人结婚了，而且男人比女人年长了两岁。

这个时候，虽然不能确定这个男人的年纪和他是否成为父亲，但是我们可以先来观察他的妻子。如果他的妻子生了两个孩子，我们就立刻可以确定，这个男人已经成为一个父亲。而他的另外一个性质是可以观察到的，于是我们就能够把他的年纪和他是否成为父亲这两个性质同时确定了。这就是EPR思想实验的核心想法。

这个思想实验背后的本质是什么呢？就是我们不要同时去看一个物体的两个性质，而是通过另外一个物体来确定这个物体的其中一个性质，再直接观察这个物体的另一个性质。于是爱因斯坦认为，像电子这样的基本粒子实际上是可以同时被确定位置和速度的。这就使得爱因斯坦和玻尔之间爆发了一场旷日持久的学术论战。

后来，在1964年，有一个名叫约翰·斯图尔特·贝尔的爱尔兰著名物理学家设计了一个新的EPR实验。

贝尔表示，如果在这个实验里面我们得到了预想中的某个结果，就说明爱因斯坦是对的；如果得出了预想中的另外一个结果，那就说明爱因斯坦错了。那实验的结果是怎样的呢？科学家们最终证实了爱因斯坦是错的。也就是说，我们不能通过测量另外一个物体来决定当前物体的性质。换句话说，我们确实不能同时确定一个粒子的位置和速度。

# 二、薛定谔的猫

以薛定谔和爱因斯坦为代表的传统观点一直在跟哥本哈根学派论战，在杂志上看到了爱因斯坦等三人的EPR思想实验以后，薛定谔发挥自己的创造力设计了一个新的思想实验。

这个实验是怎么设计的？

假设我们将一只猫关在一个匣子里面，这个匣子足够大，里面有空气，可以让猫好好地生活在里面。匣子里还安装了一个装置，在这个装置里面有一个随时会发生衰变的原子核。原子核的衰变和不衰变可以用波函数来描述，具有概率性。比如，到了下一个时刻，一个原子核衰变的可能性是50%，不衰变的可能性也是50%；到再下一个时刻，它的衰变可能性也许增大到75%，不衰变的可能性也许只有25%了。总之，它始终处于衰变和不衰变的叠加态中。

除了这个随时会发生衰变的原子核，装置里还有一个盖革-米勒计数器。盖革-米勒计数器是物理学家盖革和米勒共同发明的，可以捕捉到原子核衰变的产物，一旦接触到产物，它就"嘎嗒"响一下，并且引发它所连接的毒气瓶爆炸将猫杀死。

于是，原子核衰变和不衰变的概率波函数决定了毒气瓶爆炸和不爆炸的概率波函数，也决定了这只猫死活的波函数。也就是说，这只猫有可能死，这是一个量子态；也有可能活，这又是一个量子态。因此，这只猫每时每刻都处于活和死的叠加态里面。

如果把匣子打开，发现这只猫是活的，那么猫就处于活的状态；如果把匣子打开，发现猫已经死了，那么猫就处于死的状态。但是永远都不可能在打开匣子之后发现这只猫既不是死的又不是活的，或者既是死的又是活的。

所以，薛定谔认为他精心设计的思想实验，有力地反驳了哥本哈根学派的观点。

量子力学的后续发展

"薛定谔的猫"被讨论几十年了，直到今天大家还在讨论。当然，没有人真的做过这个实验。如果真的去做，确实就会如薛定谔所说的，打开匣子后，会发现猫要么就是死的，要么就是活的，不会有人看到一个叠加态。

后来，有一位研究原子核的著名物理学家维格纳甚至设计出来一个以人为道具的思想实验，叫作"维格纳的朋友"。就是让

· 薛定谔的猫始终处于活和死的叠加态中

一个人来代替猫，而这个人无须另一个人来观测他，因为在箱子里的人是有意识的。当他在匣子里时，他可以自己观测自己，可以感觉到自己是死还是活。当然，他必定无法感觉到自己既是死的又是活的，或者既不是死的又不是活的。

"维格纳的朋友"是否也反驳了哥本哈根学派的不确定性波函数的解释呢？当然没有人会把这个思想实验变成现实，我们不会拿猫或人来做实验，但后来物理学家用一定体积的物质实现了"薛定谔的猫"的实验，发现它确实可以处于一个叠加态。

随着科学的发展，我们发现了更多的叠加态，比如大约1.6亿个光子就可以处于两个不同的叠加态中，一个沙砾般大小的鼓可以处于震动和不震动的叠加态中，在超导体里面可以实现一个同时向左流又向右流的电流等。斯坦福直线加速器中心（现改名为SLAC国家加速器实验室）还借助"薛定谔的猫"的原理制造出原子运动的X射线电影，能够更加清晰地呈现原子运动的细节。这些都是真实实验中的"薛定谔的猫"。

## 量子力学的后续发展

关于"薛定谔的猫"和"维格纳的朋友"有很多现代的解释和后现代派的解释，我们要详细谈一谈其中的一种解释：多世界诠释。

提出多世界诠释的人，名叫休·艾弗雷特。他的老师惠勒是一位著名的核物理学家，除了自己提出了"黑洞"这个概念，还带出了著名物理学家费曼和提出"黑洞熵"概念的以色列物理学家贝肯斯坦。

艾弗雷特难以接受哥本哈根学派的理论，但是又没有办法解释"薛定谔的猫"这样的思想实验。于是，他提出：其实波函数可以理解为很多平行世界的存在，原子核的衰变与不衰变的两种状态向前演化的时候，这个世界就开始分裂了，分裂成一个原子核衰变的世界和一个原子核没有衰变的世界。

在原子核衰变的世界里，毒气瓶就爆炸了；在原子核没有衰变的世界里，毒气瓶就没有爆炸。这样一来，猫也能处于两个世界，一个是活的世界，一个是死的世界。但是，如果猫知道了自己的生存状态，那么它就只能在这两个世界中选择一个，要么在

· 猫处于两个平行世界里

活的世界里意识到自己是活的，要么在死的世界里没有意识，这就是两个平行世界。

　　而当实验物理学家打开匣子后，如果看到猫是活的，那么他就和猫同时处于原子核没有衰变的世界里；当他打开匣子后，如果看到猫是死的，那么他就和猫同时处于原子核已经衰变的世界里。

　　当然，我们还可以把这个二分的世界扩展为很多很多世界。

比如，我们在身体不舒服的时候可以说，背疼和脚疼是一个世界，背疼和脚不疼是第二个世界，背不疼和脚疼是第三个世界。

多世界诠释也引起了很多争议：我们有必要为了反对哥本哈根学派的理论而引入这么累赘的平行世界吗？到底有没有平行世界呢？但至今为止，多世界诠释依然是一个非常好的解释，因为我们没有办法在逻辑上否定它。

还有一种更加现代的解释叫作量子退相干，它也很好地解释了为什么我们不可能体会到既生又死的状态。

在量子力学里，开放量子系统的量子相干性会因为与外在环境发生量子纠缠而随着时间逐渐丧失。例如，人有生与死两种量子态，我们把人在窒息的边缘看成是两种量子态叠加的状态，而此时呼吸空气与否会让人的量子态发生变化，退到一个固定的状态；如果一个人呼吸了足够多的空气，那么他的量子退相干的时间非常短，立刻从既死又活的叠加态迅速退相干成活的状态，反之则迅速退相干成死的状态。

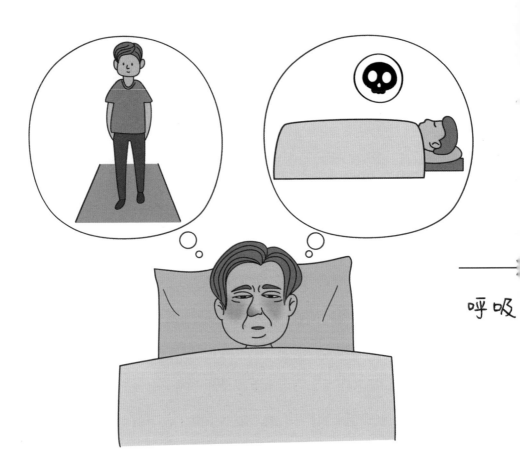

呼吸

· 呼吸空气与否会让人的量子态发生变化

# 量子力学的后续发展

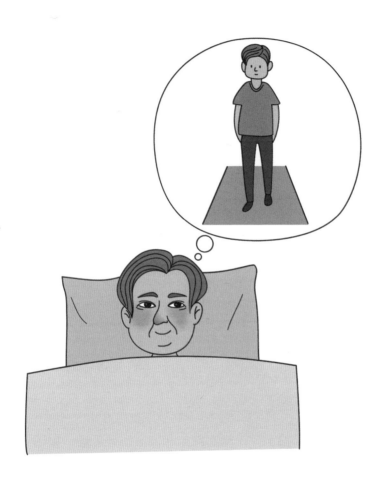

所以量子相干性会导致一个基本粒子可以同时处于位置1和位置2，但是当人去观测的时候，观测仪器里面存在的大量物质与被观测的基本粒子就会发生相互作用而导致这个基本粒子在极短的时间内退相干了，因此只能观测到它在位置1或者位置2，不可能观测到它同时处于位置1和位置2。

尽管物理学家可以制备出很多宏观的系统，使一个物质同时处于位置1和位置2，但是当这种"同时处于"的状态出现时，就意味着我们并没有去观测这个物质，而一旦去观测它，就只能看到它要么处于位置1，要么处于位置2。比如超导体里的电流，我们可以测出它要么向左流，要么向右流，不可能测出它同时向左流和向右流。因为测量电流的仪器含有大量粒子，它们与电流相互作用，使得电流"退相干"了。

这里的"退相干"就是说，原本向左和向右的叠加性，会因为观测而崩溃，从相干状态变成失去相干性，从原来的不确定性变成确定的客观现实。

至此，对于量子态我们已经谈到了三个解释：哥本哈根学派的解释、艾弗雷特的多世界诠释和量子退相干的解释。

　　虽然我们可以接受任何一种解释，但在我看来，最中庸的办法就是同时接受哥本哈根学派的解释、多世界诠释以及量子退相干的解释，因为任何一个单独的解释都不够完美。我们可以把它们全部结合起来，因为它们相互之间不矛盾，而且结合起来也能让人更容易接受。

# 三、量子场论

　　我们前面提到，狄拉克方程为建立量子场论奠定了基础。量子场论又是什么？在解释量子场论之前，我们先来了解一下"场"是什么。

　　19世纪下半叶，我们对光的认识以詹姆斯·克拉克·麦克斯韦的电磁理论为巅峰，光、电磁以及电磁波都统一到这个美丽的理论中了，在这个理论中，"场"是最基本的物理学对象。

　　所谓的"场"，是一个物理量，用来描述空间各点的某种物理对象。它要说明的是空间中的基本相互作用。举个形象，但不恰当的例子。在一个操场上，两个人各拉着一条绳子的两头，相互用力，这就是一个"拔河场"。量子场就是用来描述所有的微观对象。

## 量子力学的后续发展

　　说到"场"这个概念，我们必须得说到英国的大物理学家法拉第。法拉第在大约1821年发明了电动机，到了1837年，他引入了"电场"和"磁场"的概念，指出在电和磁的周围都有"场"的存在。一个电荷会产生电场，如果把第二个电荷放入这个电场中，它就会受到这个电场的作用。

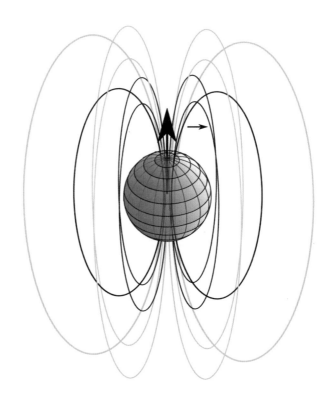

· 电磁场

淼叔说量子力学：
想象一个微观世界

如果没有法拉第的电场和磁场的概念，麦克斯韦也不可能总结出电磁现象的统一理论，不可能写出"物理学中最美的方程式"。在电磁的统一理论中，最基本的就是电场、磁场、电荷和电流。

在今天看来，麦克斯韦理论是第一个场论。后来，爱因斯坦高度评价了麦克斯韦理论，并且在麦克斯韦理论的启发下发现了相对论。而且，爱因斯坦还发现，万有引力定律也是一种场论，因为万有引力就是以引力场为基础的。

在量子论确定之后，人们了解到，光子就是电磁场携带能量的最小单位，即光子是电磁场的量子。所以，光子也可以叫作电磁场的场量子。既然电磁场的场量子是一个基本粒子——光子，那么电子是不是也是某个场的场量子？在德布罗意和薛定谔确定了电子波之后，人们很快发现，电子波也可以看成是电子对应的场。或者说，有一种物质场，它的最小能量单位就是电子。

在1929年，海森堡和泡利就开始了对场的量子理论的研究。一开始，薛定谔和德布罗意想象的电子的物质场只有一个。但是

116

狄拉克通过他著名的狄拉克方程，预言了电子存在着反粒子，也就是正电子。

所以，其实电子的物质场非常复杂，它一共有四个对应的电子场，其中两个对应负电荷的电子，另外两个对应正电子。除了电荷完全相反以外，正电子和电子一模一样。那么为什么电子要对应两个场？答案非常简单，因为电子带有自旋，一种自旋向上，一种自旋向下，这样看起来就有两种电子了。所以，必须有两个场来对应两种不同的自旋。

但自从量子力学被建立起来之后，新的场的理论发展艰难。直到第二次世界大战结束，电子场和电磁场才被统一。在这个统一的理论中，电子吸收一个光子或者辐射一个光子，可以看成是电子场和电磁场之间的互动，物理学家将这种互动称为相互作用。电磁的相互作用可以说是人类最早理解的相互作用。而奠定这种相互作用的量子理论的人，其中之一就有大名鼎鼎的费曼。

费曼是第一个名声传遍全世界的美国本土的理论物理学家。

他的老师就是我们在前面提到过的提出"黑洞"这个词的惠勒。费曼高中毕业之后，就进入了麻省理工学院学习。他最早主修数学和电力工程，后来才转学物理学，这一点和狄拉克非常像，狄拉克也是先学数学和电力工程的。

二战期间，费曼进入了洛斯·阿拉莫斯国家实验室，参与了研究核弹的曼哈顿计划，最后成为曼哈顿项目理论方面的负责人之一。这很不容易，因为理论方面的负责人通常是对理论物理最有洞察力的人。

二战之后，费曼回到康奈尔大学任教，在此期间，他发现了电磁场和电子场的完整量子理论。费曼关于电磁场和电子场的理论不仅很完整，而且很形象。他用图画的方式表达出电子和正电子湮灭成光子的过程，这种图画后来被称为"费曼图"。

费曼为大众所熟知，不是因为他完成了电磁相互作用的量子理论，而是因为他的物理学讲义，以及后来他在其他方面的贡献。例如，1986年"挑战者号"航天飞机失事的原因——一个橡皮垫圈在低温之下失去弹性导致航天飞机失事——正是费曼发现的。他还出版了一本畅销书，名字是《别闹了，费曼先生》。尽管这本书出版一年之后费曼就去世了，他却因此书变得更加有名。

既然在20世纪20年代，量子力学就已经建立了，分子和原子也可以用量子力学来计算了，那么为什么还需要费曼等人来解决电磁相互作用的量子力学问题呢？这就涉及他们到底研究了什么内容。

量子力学创立初期，物理学家解决的是单个粒子的量子力学问题，例如光子、电子等。而费曼等人研究的是关于场的量子力学问题，例如电磁场、电子场等，这个问题和单个粒子的量子力学问题完全不同。

粒子是场的基本量子，当我们处理场的量子力学问题的时候，其实是在处理很多粒子的量子力学问题。不仅如此，在场的量子力学问题中，粒子是可以产生和消失的，这是早期量子力学没有办法解决的问题。

比如，当电子碰到它的反粒子，即正电子的时候，电子有可能和正电子同时消失。当电子和正电子消失之后必定会有一些东西留下来，最简单的就是留下两个光子，当然也有可能留下更多光子，因为既要满足能量守恒，也要满足动量守恒。在处理这些问题的时候，费曼等人遇到了过去的物理学家从来没有遇到过的困难——数学上出现了无限大。最终，他们解决了这个困难，并做出了过去单个量子力学没有做过的实验预言。

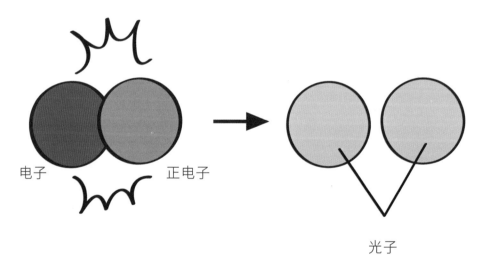

· 电子和正电子碰撞消失,留下光子

## 量子力学的后续发展

他们到底做出了什么样的预言呢？我们可以通过一个例子来理解。

我们知道电子会自旋，电子同时带一个电荷，根据电磁感应，一个会转动的电荷就变成了一个小磁铁，就像把一个小电圈通上电流，从而形成一个小磁铁一样。一个小磁铁如果放进磁场中，就会获得能量，我们可以通过研究电子在磁场中的能量来测量电子这个小磁铁的大小。费曼等人发现，在电磁相互作用的量子力学中，这个小磁铁的大小与过去的量子力学计算相比，有一个小小的改变。后来，这个小小的变化通过实验得到了验证。

场论的量子力学还有一个非常重要的特征——预言了真空其实不空。因为电子可以和正电子随时在真空中冒出来，同时也可以随时消失。它们会不停地冒出来和不停地消失，但不可能出现以后就不消失，否则能量就不守恒了。这就说明真空其实不空。

与费曼同时发展了电磁相互作用的量子理论的还有其他两个人，一个是费曼的中学同学，名叫朱利安·施温格，另一个是日本物理学家朝永振一郎。

施温格出生于1918年，与费曼同年，只比费曼大了三个月。他们都出生在纽约的犹太家庭。只不过施温格出生在曼哈顿，而费曼出生在长岛。施温格是个令人羡慕的神童，他16岁就写了一篇论文，并因此被哥伦比亚大学的一个物理大牛看中，得以转入哥伦比亚大学就读。

施温格的数学非常好，写的论文别人很难看懂。据说，有一次他在做关于场论的演讲时，除了玻尔在那里点头，其他人根本不知道施温格在说什么，因为太抽象了。但既然玻尔在点头，大家就认为他说的是对的。

在同一次大会上，费曼也上去演讲，而这一次，玻尔就不再点头了。施温格的演讲还是老老实实地套用量子力学，而费曼用的是费曼图。在费曼图中，每个电子和正电子都有轨迹，光子也有轨迹，这在玻尔看来，根本不符合量子力学。因为，根据海森堡的不确定性原理，任何粒子都不存在轨迹。当时，玻尔对费曼说了非常尖刻的话："你应该重学量子力学，因为你根本就不懂量子力学，破坏了不确定性原理。"

其实，当时还是有人听懂了费曼的理论。其中一人就是费曼在康奈尔大学的同事兼老师汉斯·贝特，在康奈尔大学时他就一直被费曼灌输费曼图的理论。他也是一位著名的物理学家，主要贡献在于原子核物理领域。据说他是第一个知道太阳为什么发光的人。

此外，还有一个人也听懂了费曼的理论，这个人就是大名鼎鼎的费米。我们在前面介绍泡利不相容原理时提到过他，他是美籍意大利裔物理学家，在美国培养了杨振宁和李政道等人，也是1938年诺贝尔物理学奖的获得者。费米虽然不像贝特那样早就听说过费曼图，但是他听了费曼的演讲后，立刻就理解了。

关于施温格的数学计算能力，有一个有趣的故事。有段时间，施温格在"原子弹之父"罗伯特·奥本海默那里工作，这时的奥本海默已经当上了老板，不再做实际工作，只管理各种行政事务。有一天，两位年轻的物理学家来找奥本海默，向他请教一个数学问题。奥本海默简单地讲解了一下计算方法，让他们回去自己算。

　　当天，施温格也听说了这个问题，于是疯狂地算了一个晚上，最后把结果写在一张纸上，塞进一件衣服的口袋里面。过了五六个月，那两位物理学家又来了，高高兴兴地把计算结果拿给奥本海默看。奥本海默说："施温格不是早就搞定了吗？你们去跟他核对一下。"

　　于是，施温格回去把所有的衣服翻了一遍，终于找到了那张揉得皱皱巴巴的小纸团，回来告诉奥本海默，说他们大部分是对的，只差了前面的一个乘数因子。奥本海默转身对那两位物理学家说："你们赶紧回去，看看到底是哪里算错了。"

　　除了计算能力，施温格另一个值得称赞的是他的专注与责任心。他有一个怪习惯，他的工作时间跟其他人不同，通常下午别人快下班的时候他才去办公室，因此如果谁有问题要问他，就会把一张纸条留在他的桌子上，请他来解答。有一次，一个物理学家不太懂一个数学问题，就留了张纸条在他的桌子上。第二天，他再去施温格的办公室，发现桌子上放了一摞纸，大概有

40页答案。

此外，施温格还是一个好老师，带出了很多优秀的学生，其中最有名的是谢尔登·格拉肖。格拉肖就是发现正确的弱相互作用的人，我们后面会谈到。格拉肖在哈佛读书时是施温格的学生，他也是一个怪才。有一次，格拉肖给他的学生们考试，学生们被试卷上的一道题目难住了，个个急得满头大汗。这时，格拉肖突然想起了什么，对学生们说："试卷上有一道题目我自己也没做出来，谁做出来告诉我一声。"

接下来，我们谈谈朝永振一郎。

在日本，最早获得诺贝尔奖的有两位物理学家，他们都是理论物理学家。其中一位叫汤川秀树，他在40多岁的时候获得了诺贝尔奖。另一位就是朝永振一郎，他比汤川秀树大一岁，于1906年出生，在1965年与费曼和施温格一同获得诺贝尔奖。有趣的是，费曼和施温格是中学同学，而朝永振一郎和汤川秀树是大学同学。

朝永振一郎的研究方式和费曼以及施温格都不一样。二战之后，由于太平洋两岸的通信并不发达，朝永振一郎在日本做的研究并没有被很多人知道。二战结束之后，他去了普林斯顿高等研究院，将他的研究结果公之于众，才受到了西方人的关注。

关于相互作用，在日常生活中，我们可以体会到两种，一种是万有引力，另一种就是刚刚提到的电磁相互作用。

可是，到了19世纪末，人们又发现了另外两种相互作用，它们都和原子核有关。一种相互作用可以将原子核中的核子（质子和中子）结合在一起，形成原子核，这种力就叫强相互作用。另一种相互作用与中子有关，也是发生在质子和中子之间的力，叫弱相互作用。这两种力虽然都与原子核有关，但强度悬殊非常大。同等条件下，强相互作用比电磁力还要强100多倍，而弱相互作用比电磁力弱，大约是电磁力的一百亿分之一。这两种力都与19世纪下半叶发现原子核的放射性有关。

而关于原子核放射性的研究，我们就不得不提到"原子核物理学之父"，同时也是玻尔的老师卢瑟福。我们在前面的章节提到过，卢瑟福通过用 $\alpha$ 粒子轰击原子，发现原来原子是由原子核以及电子构成的，并建立了原子的行星模型——卢瑟福模型。后来玻尔在卢瑟福模型的基础上，提出了第一个原子量子模型。

卢瑟福于1871年出生在新西兰，大学也是在新西兰上的。当时，新西兰还是一个发展中国家，高等教育水平也相对比较落后。卢瑟福上大学的时候，当时举世闻名的剑桥大学的卡文迪什实验室做了一个很大的改革，允许剑桥大学以外的学生向实验室提交一篇论文。如果卡文迪什实验室的教授一致同意论文作者是可造之才，他们就会邀请这个学生到剑桥大学访问，并授予他剑桥大学的学位。

卢瑟福正是靠着一篇论文，没参加任何入学考试，就得到了去剑桥大学卡文迪什实验室深造的机会。他师从诺贝尔物理学奖获得者约瑟夫·约翰·汤姆逊，并在汤姆逊退休以后，接任了卡文迪什实验室主任的职位。

1899年，卢瑟福在放射线中发现了 $\alpha$ 粒子。$\alpha$ 粒子其实就是氦原子的原子核。一些重元素的原子核会辐射出 α 粒子，变成更轻的元素，这其实就是强相互作用造成的。后来，科学家们才知道，原来这种力不仅仅发生在质子和中子之间，它也发生在更多的基本粒子之间。强相互作用必须足够强，否则，质子之间产生的排斥力早就把原子核拆散了。因为质子带正电，同性相斥，所以强相互作用在原子核中基本体现为吸引力，质子之间互相吸引，中子之间互相吸引，质子和中子之间也互相吸引。

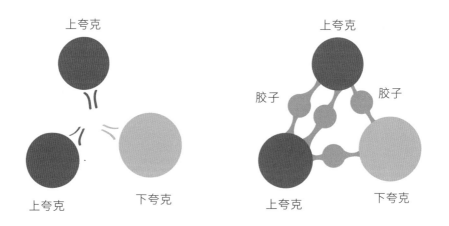

· 胶子将夸克绑在一起

# 量子力学的后续发展

到了20世纪60年代，物理学家才发现，原来核子——也就是质子和中子，并不是基本粒子，它们是由夸克构成的，一个质子里面有3个夸克，一个中子里面也有3个夸克。到底是什么将夸克绑在一起的？原来，还有另外一种基本粒子，叫胶子。它们的作用就是将夸克绑在一起，这就是一部分强相互作用，而剩余的强相互作用还可以把质子和质子、质子和中子、中子和中子绑在一起，形成原子核。

直到20世纪70年代，人们才最终发现了正确的强相互作用理论。这个理论建立在杨振宁先生发现的杨-米尔斯理论基础之上。在20世纪70年代，有三位物理学家在杨-米尔斯理论基础之上，同时发现了强相互作用的正确理论。这三位物理学家因此获得了诺贝尔奖，其中一位后来经常来中国，他的名字叫大卫·格罗斯。

最后，我们再谈谈弱相互作用。这种相互作用最经典的例子，就是一个中子可以衰变成一个质子、一个电子和一个中微

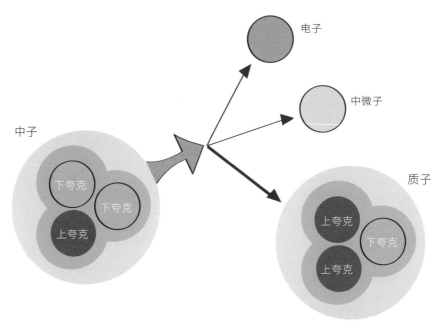

· 弱相互作用

子。我们知道，中子比质子重一点，它才会变成一个质子、一个电子和一个中微子，因为能量必须守恒。严格说来，中子衰变的产物中的中微子其实是反中微子，也就是中微子的反粒子。

弱相互作用真的非常微弱。物理学家也是花了很长时间才找到它的正确理论。早在20世纪30年代，美籍意大利裔物理学家

# 量子力学的后续发展

费米就提出了一种弱相互作用理论，今天我们称它为"费米相互作用"。可是，后来人们发现，这个理论也会出现数学上的无限大。我们前面提到，电磁理论会出现无限大，但是这个问题被费曼等人解决了。可是，在费米相互作用理论里面，没有人能够消除这种无限大。今天，我们可以将其简单地表述为：费米的理论与量子力学相矛盾。

一直到20世纪60年代，人们才慢慢发现了弱相互作用的正确理论。首先，希格斯等人发现了"希格斯粒子"，提出了一种新的理论。到了1967年，有两位物理学家通过希格斯等人的发现，建立了正确的弱相互作用理论。这个理论还与杨-米尔斯理论有关，正确的弱相互作用理论既包括弱相互作用，也包括电磁作用。在这个理论中，弱相互作用和电磁作用是一体的，是一个事物的两面。所以，弱相互作用理论其实是第一个统一理论。

物理学家们花了几十年的时间，试图将弱相互作用、电磁作用以及强相互作用，甚至万有引力统一在一起，提了很多理论，但是至今还没有一个被实验验证。

第 5 章

# 量子力学改变
# 现代技术

　　量子力学对我们的生活产生了哪些影响呢？激光是如何祛除皮肤色斑的？半导体为什么能让电器越来越小？硅谷历史上著名的"叛逆八人帮"是什么？量子通信是如何运作的？为什么它比其他通信手段保密性更好？

现在我们终于意识到，真实的世界其实有两个，一个是我们一睁眼就能看到的世界，也就是我们熟悉的日常世界。这个世界是经典的世界，是确定性的世界。

但是在这个世界背后，还深刻地隐藏着一个微观世界。这个微观世界里面有大量的基本粒子，而每一个基本粒子和我们日常生活中看到的物体完全不同。

其实，虽然这两个世界看起来如此不同，但它们都是真实的，而且也并不矛盾。

在薛定谔和海森堡之后，很多物理学家指出：在多数情况下，当我们把大量基本粒子结合在一起的时候，它们的行为就会变得越来越确定，越来越经典，也越来越日常。这是为什么？

# 量子力学改变现代技术

其实，玻尔在早年研究原子模型的时候就指出，当一个物体的质量越来越大，里面含的基本粒子越来越多的时候，我们谈论的这些量子的性质就会变得越来越熟悉，它们就会像石头一样，具有位置和速度。因为主导微观世界的一个重要的物理学常数——普朗克常数，它非常微小，在普通的单位制里面，它的数量级是$10^{-27}$，也就是一千亿亿亿分之一。因此通过普朗克常数来描述的粒子与一块石头或者一台电脑相比，实在太过微小了。

当一个物体越大，它就越确定。比如，太阳的位置是确定的，速度也是确定的。尽管海森堡的不确定性原理也适用于太阳，但是当我们精确地测量出太阳的速度的时候，太阳的位置的不确定性就变得非常微小，小到用如今最先进的仪器都测量不出来。所以，我们在日常生活中接触到的物体都是确定的，日常生活的世界和量子世界是不矛盾的。既然如此，我们可以在我们的生活中应用量子力学。

在这一章中，我们将介绍量子力学如何改变现代技术，从而改变我们的生活。

# 一、激光

我们前面提到，爱因斯坦发现了受激辐射效应，才促使科学家们发现激光。

激光是什么？从物理学的角度来解释，激光就是大量长得一模一样的光子处于同一个能量态的体现。激光的产生有一个非常简单的方式。

假设有一种惰性气体，比如氖或氩，如果我们用某种能量把惰性气体原子中的电子激发到一个能级上面，那么这些原子中的电子就有可能从这些高能级跳到低能级。当原子中的电子从一个能量状态跳到更低的能量状态的时候，它就会辐射出光，我们把这种现象叫作自发辐射。除了太阳光以外，日常生活中的光基本都是这样发散出来的。

# 量子力学改变现代技术

但有的时候，也可能不会引发辐射。这个时候，如果我们把一些有特定波长的光子扔进气体里面，这些特定波长的光子携带的能量刚好和原子的电子从第一个能级跳到另一个能级时需要的能量一样大，此时，这些光子就会促使这些原子受到感应并发生共鸣。也就是说，原子中的电子受到外来的光子的激发，它并没有接受光子，也没有接受光子的任何能量，只是产生了共鸣，这些原子就会辐射出与这个光子同样波长的光子。我们把这种共鸣现象叫作受激辐射。

这样一个光子诱导一个原子发出一个光子，就有了两个光子，这些光子就会在这个区域里面来回跑，使得更多的原子辐射光子，这样就会产生原子里面电子跳跃的现象，而跳跃的结果就是辐射出很多很多波长一致的光子。如果我们把这些光子导出来，就是激光。

当然，为了使原子里面的电子不断处于高能量状态，我们必须用不同的方式不断地把原子中的电子重新放到高能量状态，比如通过电流的方式。总之，能量是守恒的，要想让很多很多电子

淼叔说量子力学：
想象一个微观世界

· 激光就是光子的"雪崩"

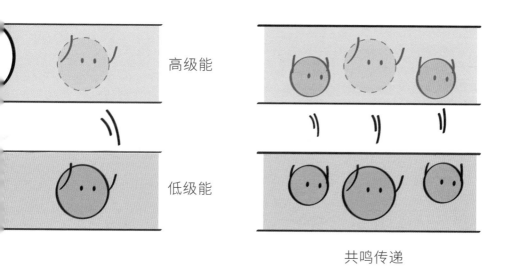

高级能

低级能

共鸣传递

受到共鸣而辐射光子，那么这些电子就必须得有能量来源。这就是激光的基本原理。

关于激光的产生，有一个非常形象的比喻：激光的产生过程就像雪崩的过程一样。登山的人非常害怕雪崩，因为雪崩一旦发生，就会呈现出一种指数级的增长状态——由一片雪片下落导致两片雪片下落，两片雪片下落导致四片雪片下落等的一个过程。

如果说雪崩是由雪片下落引发的，那激光其实就是光子的受激辐射引发的，一个光子产生两个光子，两个光子产生四个光子，以此类推。形象点说，激光其实就是光子的"雪崩"。

激光的理论是在20世纪50年代末，由理论物理学家查尔斯·哈德·汤斯和阿瑟·肖洛提出的。当时，休斯飞机公司的休斯实验室里有一位实验物理学家，名叫西奥多·哈罗德·梅曼，他看到了汤斯和肖洛的理论后，开始在实验室里用实验来实现激光。

当时，由于微波相对来说好操作一些，梅曼第一次便使用微波实现了激光。他的发现引发了此后各种激光的发现，包括可见光的激光、X射线光的激光和γ射线光的激光等。我们知道，X射线的波长比可见光要短、频率比可见光要高，所以它的能量相对就高；γ射线的波长比X射线的波长更短，所以它的能量就更高。

汤斯和肖洛早在1964年和1981年分别因激光的理论而获得了诺贝尔物理学奖。而第一位用实验实现激光的梅曼一生获得了很多荣誉和奖项，却始终没有获得诺贝尔奖。


激光的发现和应用让我们的生活发生了翻天覆地的变化。激光可以用来进行光刻。现在的电脑里有大规模的集成电路，集成电路中我们肉眼看不见的电路就是通过激光在特定材料（例如硅）上雕刻出来的。当然，还有我们熟悉的激光切割材料，我们更熟悉的宽带等光纤通信以及讲课或者演讲时经常使用的激光笔，这些都要利用激光。

除此之外，激光在医美行业也发挥着重要作用。我们都听过激光祛斑、激光脱毛等。拿激光器往脸上一照，色斑就消失了；往胳膊上一扫，体毛也脱落了。你一定会有疑问，激光是如何办到的呢？为了解释其中的道理，我们可以做一个小实验。

我们吹一个双层气球，外面是白色的大气球，里面套了一个黑色的小气球。如果用特定的激光朝这两个气球上面打，会看到外面的白色气球还完好无损，里面的黑色气球却爆掉的情况。这和我们的日常经验很不相符。正常情况下，里面气球是受外面气球保护的，只有外面气球先被破坏，里面气球才会爆掉。那为什么实验结果会这么奇怪？

我们知道，大多数宏观物质都是由原子组成的。原子中间有一个原子核，原子核外还有运动的电子。我们现在已经知道，不同状态下的电子携带的能量不同。不同颜色的气球，其内部电子的能量是不一样的。与此同时，每种激光的光子又都有一个特定的能量。当激光打到气球上的时候，如果气球里电子的能量与激光光子的能量不匹配，那它就不会吸收这种激光；如果气球里电子的能量恰好与激光光子的能量匹配，那它就会吸收这种激光。

黑气球里电子的能量恰好与我们实验用的激光光子能量匹配，所以会吸收激光而最终爆掉；而白气球里电子的能量与激光光子能量不匹配，所以不会吸收激光，也不会爆炸。激光祛斑的工作原理和这完全一样。当激光照到脸上的时候，好皮肤里的电子能量与激光光子能量不匹配，所以会完好无损；而黑色斑块里的电子能量与激光光子能量匹配，所以会吸收激光而最终被激光所破坏。

在医学方面，激光可以用来击碎胆结石，用来做理疗；还可以用来进行不见血的手术，简称无血手术。

因为激光可以积聚很高的能量，激光还可以用到军事上制造

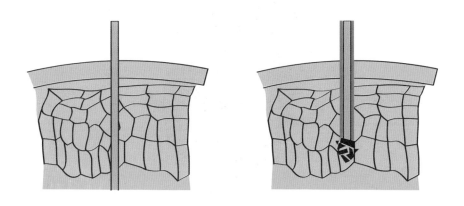

· 激光照射时, 好皮肤完好无损, 黑色斑块则被破坏

143

激光武器。美国科学家还尝试把许多束激光集合到一起，造成非常高的温度，促使原子核发生反应，他们的最终目标是用激光实现受控热核聚变，这样就能产生无穷无尽的能源。

在未来世界里，激光的应用还会变得更加普遍。

# 二、半导体

量子力学的另一大应用是半导体。

在没有半导体的时代，收音机、电视机这些电器的体积都很大，那时电器的主要元件是电子管，电子管的构造是用玻璃包住有电极的真空。

真空管的发明还和爱迪生有点关系。爱迪生因发明白炽灯泡而著名。一开始，灯泡用的灯丝是碳丝，由于碳丝会蒸发，寿命很短，爱迪生就在灯泡里面放了一根铜丝来阻止碳丝蒸发。没想到，碳丝照样蒸发，但铜丝上却有电流了，原来是碳丝上的电子跑到铜丝上了。有了这项发明后，爱迪生赶紧注册了专利。

后来，在1904年，英国物理学家约翰·安布罗斯·弗莱明利用爱迪生的发明制造了第一个电子真空二极管。在我小的时候，如果人们有了钱，就会买一个电子管做的收音机。这种收音机大概有半米长，很厚、很高，能收听到好几个电台，放在桌子上非常壮观，完全可以当作家里的装饰品。

最早的通用计算机也是用电子管做的，名叫"ENIAC"。它是1946年造出来的，长约30米，宽6米，高2.4米，这个大小以今天的眼光来看几乎可以算是一栋豪宅了。ENIAC里面有17468个真空管、7200个二极管、1500个中转器、70000个电阻、10000个电容器和6000多个开关，总重量近31吨，比现在一般的货车都要重。

这台计算机每秒可以做5000次加法或400次乘法，比现在市面上最差的计算机还要慢得多，但在当时已经是世界上最先进的计算工具了。而运转它所需要的电能，足够运转如今的75台挂式空调。

半导体的横空出世彻底变革了电器世界，也改变了我们的生活。那半导体到底是什么呢?

## 量子力学改变现代技术

我们都知道导体是指能够导电的材料，而不能导电的材料叫作绝缘体，那么所谓的半导体，就是导电率介于导体和绝缘体之间的材料。

我们现在所指的半导体，是用半导体制造出来的二极管和三极管。我们先说半导体二极管。

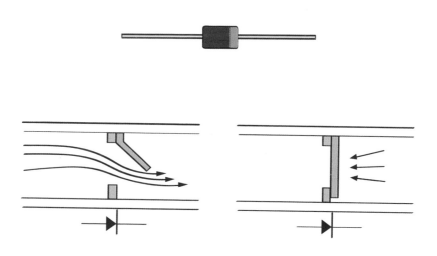

· 二极管有单向导电功能

半导体二极管的发明者是罗素·欧尔，他当时在美国电话与电报公司下的贝尔实验室工作。1939年，他偶然发现，如果把P型和N型的半导体放到一起，就会具有单向导电功能。

半导体二极管的原理是怎样的呢？

半导体二极管是把两种不同的半导体放在一起，一种半导体里面有自由的负电荷，也就是电子；另一种里面有自由的正电荷，也就是损失了电子的原子变成的一个带正电的离子。

你可能会问，自由的负电荷是怎么形成的？我们用一个例子来说明。

我们知道硅原子最外层有4个电子，如果我们在晶体硅里面加一点磷，磷原子最外层有5个电子，这样一来，由于量子力学效应，两个原子——硅原子和磷原子——共用4对电子，被吸纳的磷原子外层剩下的1个电子就很容易脱离，它就可以到处跑，变成一个自由的负电荷。

自由的正电荷形成的过程也类似，只是这一次，我们往晶体硅里面加入的是硼。硼原子最外层有3个电子，不够硅原子吸纳，于是硅原子就必须从别的原子里面再吸引1个电子过来。这样一来，由于量子力学效应，为硅原子和硼原子的结合贡献了1个电子的原子就带正电了，变成了一个带正电的离子。

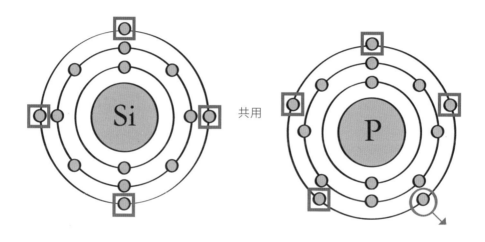

共用

· 硅原子和磷原子共用4对电子

　　带自由负电荷的半导体被称为N型半导体，带自由正电荷的半导体被称为P型半导体。现在，我们把一个N型半导体和一个P型半导体放到一起，由于自由的负电荷和自由的正电荷之间相互吸引，彼此中和以后，原本带自由负电荷的一端就变正了，而原本带自由正电荷的一端就变负了。现在，我们在这两个半导体上面再接一个电池，电池的正极接到P型上面，负极接到N型上面。只要电压足够大就会产生电流，而倒过来则不会产生电流，也就是单向导电。

单向导电是说，从一个方向给二极管加以电压让电流通过，而另一个方向则不让电流通过，就像一个闸门一样。但这并不意味着另一个方向绝对不通电流，当把电压加到很大，反向击穿二极管后，另一个方向也就可以通过电流了，只是这样一来，这个二极管就毁掉了，无法再被使用。

以上就是半导体二极管的原理。


三极管的发明要比二极管晚一些，是在1947年由贝尔实验室的威廉·肖克利、约翰·巴丁和沃尔特·豪泽·布拉顿发明的。他们也因为这个发明在9年后获得了诺贝尔物理学奖。

1947年11月17日到12月23日，在这一个月零六天的时间里，巴丁和布拉顿偶然发现信号可以通过一些方式进行放大。他们的组长肖克利是个很敏锐的人，他把巴丁和布拉顿的发现系统地总结出来，并且用更好的材料加以实现。于是，我们如今看到的三极管的模式就被完整地发明出来了。

三极管的构造很简单，只比二极管多了一块晶体。在两个P型半导体中间加一个N型半导体，或者在两个N型半导体中间加一个P型半导体，再把这三块半导体的每一块用电线连接起来，就组成了一个像三明治一样的带有三个极的三极管。

半导体二极管和三极管的发明非常重要。半导体的二极管和三极管有很多优点，其中一个是它们体积很小，如今最小的二极管和三极管已经达到了几纳米级别了。此外，它们的寿命相对来说也很长，虽然不是无限长，但比电子真空二极管的寿命要长很多。因为这个优点，半导体二极管和三极管被大量应用在了集成电路中。我们知道，集成电路就是由激光在硅晶体上刻出的很多电阻、二极管、三极管等小东西联通起来构成的微型电子器件或部件。无论是计算机、互联网还是移动互联网，都离不开二极管和三极管。

对于如今的信息时代而言，三极管的重要性更是无可替代。可以说三极管是现代世界科技生活的基石，没有三极管就没有如今的信息时代。这要归功于三极管的两个功能。

其一为放大功能。如果把三极管中的两个极连成第一个回路，另外一个极和前面已经连成回路的两极中的一极连成第二个回路，那么第一个回路中的电信号就可以被放大到第二个回路中，这就是三极管放大信号的作用。

此外，三极管还能作为一种闸门，起到开和闭的作用，这也很重要。我们知道，现代的计算机主要以两种方式表示数字，一个是0，一个是1。在电路中，闭合就相当于0，打开就相当于1。在一个回路中，只要有一个闸门是闭的，就相当于0，那么这个回路就是闭的；如果所有闸门都是开的，都相当于1，那么电路也是开的。所以，用三极管开闭电路也是现代储存器以及电脑控制中心的工作原理。

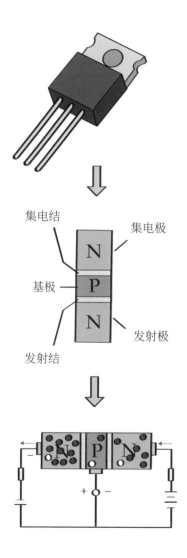

集电结

集电极

基极

发射极

发射结

· 三极管可以放大信号

计算机里最重要的逻辑门也由三极管构成，一个逻辑门中大约含有20个三极管。集成电路的发明使得小型计算机的实现成为可能。

2002年，如果我们把当时世界上所有电子元件中的三极管平均分给每个人，一个人可以分到6000万个；到了2009年，一个微处理器里面就含有30亿个三极管；现在，每个人或许已经能分到数亿个三极管了。我们使用的手机和电脑里都有很多三极管。

我们最后来重点认识一下三极管的发明人之一肖克利。肖克利可以说是"硅谷之父"。他错过了量子力学的黄金时代，但赶上了固体物理研究的黄金时代。在固体物理方面，他有很多贡献，比如，关于固体的断裂或错位，他曾提出"肖克利错位"的理论，这个理论也称为"肖克利缺陷"。

肖克利出生在英国伦敦，父母是美国人。3岁时，他跟随父母回到了美国加州旧金山湾圣克拉拉县的帕罗奥图，帕罗奥图刚好是著名的斯坦福大学的所在地。在西班牙语中，帕罗奥图就是"很高的树"的意思，这座城市就是以一棵很高的树来命名的，据说这棵树现在还在，年龄已经超过1000岁了。

肖克利的父亲是一位矿产工程师，能说8种语言，是一位语言天才。肖克利22岁的时候毕业于加州理工学院，4年后在麻省理工学院获得博士学位，博士毕业后加入了贝尔实验室。之后，第二次世界大战爆发，肖克利参加了雷达研究项目，还指导了一个研究反潜艇的小组。因为战时的贡献，1946年，他获得了美国的荣誉勋章，这在美国是非常崇高的荣誉。

在二战结束之前，他还为美国政府准备了关于占领日本的报告。报告指出，如果以常规的方式占领日本，日本的死亡人口数量将在500万人到1000万人，但同时美国人也会付出很大代价，会出现170万人到400万人的伤亡。因为他的报告，美国政府决定对长崎和广岛投放原子弹，以提前结束战争。

关于三极管的发明，还有一件趣事。肖克利、巴丁和布拉顿三人组原本的发明是点接触型三极管，也就是拿两根金线接在一个半导体上。但在发明问世后，肖克利认为，用PN结做三极管更有商业前途（PN结就是把P型半导体和N型半导体放在一起），于是私下发展这种三极管，不让巴丁和布拉顿知情。1955年，肖克利离开了贝尔实验室，创立了肖克利半导体实验室，这个实验室就是硅谷的前身。

看过美剧《生活大爆炸》的人应该知道，里面有一个高智商、低情商的角色叫谢尔顿·库珀，肖克利就是现实版的谢尔顿·库珀。

更糟糕的是，肖克利完全不懂商业运作。按照一个硅谷经理的话来说，在管理方面，肖克利是一个"十足的废物"。

但肖克利有很大的野心，他想发明出一种里程碑式的三极管产品，让一个三极管的生产成本只有5美分。可是，他的想法太超前了，这种低成本的三极管，一直要到近30年后才有人做出来。因此在当时，肖克利公司一直造不出像样的产品。一些最优秀的员工向肖克利提议，为了控制成本，可以做一些由小三极管集成的电子部件，也就是今天大家熟知的集成电路。但是，肖克利有些恃才傲物，没有听取别人的建议。肖克利的态度，让这些追随他的青年才俊寒了心。

1957年，肖克利公司的8个主要员工集体跳槽，这8个人就是硅谷历史上著名的"叛逆八人帮"。他们在一个摄影器材公司老板的资助下，开了一家新公司，叫作仙童半导体公司。只用了短短2年时间，仙童公司就研发出了集成电路，从而彻底改变了整个电子行业，甚至是整个世界的面貌。更重要的是，仙童公司为硅谷培育了成千上万的技术人才和管理人才，是当之无愧的硅谷的"西点军校"。

这8个"叛徒"离开以后，肖克利的公司就一蹶不振了，两次被转卖后于1968年永久关闭。而肖克利则于1963年开始担任斯坦福大学物理系的教授。肖克利到晚年的时候写了一篇论文，宣称黑人的智商平均而言要比白人低20%。这番言论立刻在全美国掀起了轩然大波，愤怒的学生在校园里焚烧了肖克利的画像。

但是，仙童半导体公司也没有风光太久。由于和母公司老板之间的矛盾，"叛逆八人帮"又陆续地离开了仙童公司，去创办新的企业。后来，仙童公司也日益衰败，最后被卖掉。

可以说，没有肖克利公司的倒闭，就没有仙童公司；没有仙童公司的倒闭，就没有整个硅谷。苹果公司精神领袖乔布斯曾经做过一个形象的比喻："仙童公司就像一个成熟的蒲公英，只要轻轻一吹，创业的种子就会随风四处飘扬。"

在"叛逆八人帮"里有一个特别有名的人，叫戈登·摩尔。摩尔离开仙童公司后，创办了一个专门生产半导体芯片的公司，即大名鼎鼎的英特尔公司。今天绝大多数手机和电脑里的芯片，都是英特尔公司生产的。

# 三、超导体

至此，我们已经介绍了量子力学的两大应用：激光和半导体。在这一节里，我们将介绍量子力学的第三大应用：超导体。

光看名字，我们就知道超导体是一种导体，但是超导体与导体有什么区别呢？

我们知道，铜、银和金都是很好的导体，但是它们有电阻。比如，用一根铜丝接上电池，产生的电流大小与铜丝的电阻成反比。铜丝的电阻越大，产生的电流越小；铜丝的电阻越小，产生的电流越大。银的导电性更好一些，但它同样有电阻。

而超导体就是在一定温度下令电阻突然消失的材料。用超导体通上电流后，立刻把电池撤掉，电流依然会在超导体里面流动，不需要任何电压。我们知道，如果电阻不等于0，那么一个0

电压除以一个电阻，得到的电流一定是0；如果电阻等于0，那么一个0电压除以一个0电阻，可以得到任何电流。

　　超导体有一个重要的特性：把一个超导体放在磁铁上，它会飘浮在磁铁上方。因为超导体里不能有磁场，所以磁铁的磁场无法进入超导体，只能环绕在超导体周围，于是产生了一种托力，把超导体托在上面。超导体的这种排斥磁场的效应被称为迈斯纳效应，是由德国物理学家弗里茨·瓦尔特·迈斯纳发现的。

　　有人说，也许有一天，我们可以利用超导体制造出悬浮的火车，甚至悬浮的汽车。但现在还无法实现，因为大部分超导体依然需要极低的温度；即便是高温超导，它的温度也要低于零度。现在上海浦东机场的磁悬浮列车其实并不是超导体磁悬浮列车，我们要制造超导体磁悬浮列车需要花费巨大的财力。

　　但是这并不意味着低温超导在我们的世界中就没有多大意义了。它依旧非常重要。比如，它在制造高能粒子加速器中能起到巨大作用。欧洲核子中心的一个大型强子对撞机就是利用低温超导制造而成的。

# 量子力学改变现代技术

超导体的发现非常偶然。当时，在荷兰莱顿大学有一位叫海克·卡末林·昂内斯的著名物理学家，是第一位制造出液氦的科学家。液氦的温度非常低，要达到-270摄氏度才能维持液氦的状态。我们知道，真正的温度有一个绝对的标度，也就是说，达到一定温度后，就不可能再有更低的温度了，这个温度叫作绝对零度，大约为-273摄氏度，而液氦的温度只比绝对零度略高一点。所以说，昂内斯是第一个能将温度降到-270摄氏度的人。

在实现了极低温度之后，有一次，昂内斯要外出旅行，于是嘱咐自己的学生在他旅行期间把各种材料都扔到液氦里面，看看会发生什么反应。他的学生按吩咐去办了，然后发现汞（水银）放到液氦里面后，电阻会突然消失。即，汞在-270摄氏度的温度下会变成超导体。昂内斯非常高兴，他知道这是比液氦更重要的发现。后来，这项发现让他获得了1913年诺贝尔物理学奖。

我们可以看到超导体在20世纪初就被发现了，与量子力学理论的萌芽阶段几乎处于同一时期。但是，在长达半个世纪的时间里，物理学家始终不清楚超导体的理论，约翰·巴丁攻克了这一难关。对，他就是前面我们说过的三极管的发明人之一。

在发明了三极管之后，肖克利就去挖掘三极管的商机了，而巴丁也离开了贝尔实验室，到伊利诺伊大学香槟分校物理系任教，并开始了超导体的研究，也因此再一次获得了诺贝尔物理学奖。这一次，他与自己的学生约翰·施里弗和利昂·库珀共同分享了这一奖项，据说《生活大爆炸》里的谢尔顿·库珀的姓——库珀，就来自于此。

超导体的物理学原理究竟是什么？这是巴丁离开贝尔实验室，来到伊利诺伊大学工作之前就在思考的问题。那个时候，距离昂内斯发现超导体已经过去了半个世纪，在这半个世纪中，没有人知道超导体究竟是如何产生的，物理学家们也始终无法了解它的物理机制。

我们之前说，电子满足泡利不相容原理，也就是两个电子不可能在同一个位置上，也不可能在同一个轨道上，从根本上说，它们完全不可能处于同一个量子态。

## 量子力学改变现代技术

根据泡利不相容原理，无论把温度降到多低，电子都不可能在一个导体里面形成不需要电压的电流，因为电子会互相排斥，互相撞开，这就是电阻的来源之一。电阻有两个来源，一个是电子在导体里面运动时撞到原子核上而受到阻力，一个是撞到其他电子上而受到阻力。由于电子满足泡利不相容原理，因此它不可能起到一个没有电压的导电作用。

但是，库珀发现了一个非常重要的物理学现象：在极低温度下，电子可以两两配对。既然电子满足泡利不相容原理，而且电子还有负电荷，同性相斥，为什么它们还会形成配对呢？库珀发现，这是因为在极低温度之下，电子与导体中的原子核会发生相互作用。

相互作用的意思是，一个电子与一个原子核发生作用，另一个电子也与这个原子核发生作用，这就间接地令这两个电子之间产生非常微弱的吸引力。这个吸引力虽然微弱，但足以使这两个电子形成配对。于是，这个电子对就可以满足玻色-爱因斯坦原理，它们可以处于同一个状态。

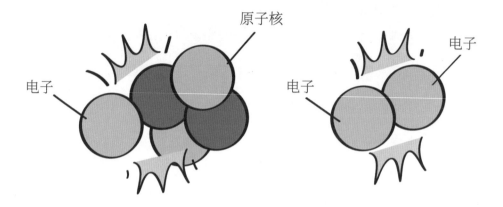

原子核

电子

电子

· 电子撞到原子核,或电子撞到电子

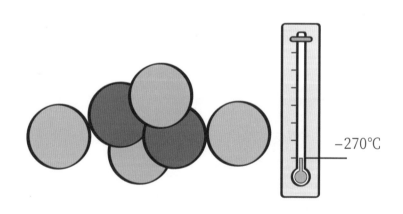

−270℃

· 极低温度下,电子可以两两配对

## 量子力学改变现代技术

那么，我们可以让一个电子对在一个方向上运动，同时让另一个电子对也在同一个方向上运动，而且运动的速度一样。虽然电子无法实现这一点，但是电子对可以，因为电子对不满足泡利不相容原理，而是满足玻色-爱因斯坦原理。

这个现象是库珀发现的，因此在极低温度下配对成功的电子被命名为"库珀对"。发现这个现象后，库珀发表了一篇文章，正在纽约度假的施里弗看到后，突然想到库珀的发现可以用来解释超导。于是，施里弗很快写下一个方程并且解答出来，发现里面刚好包含了超导现象。

"库珀对"非常像光子，因为光子是满足玻色-爱因斯坦原理的，这一原理使光子得以形成激光。而"库珀对"也满足玻色-爱因斯坦原理，超导就是大量的电子对处于同一个量子态里，因此我们可以把超导想象成电子对的激光。

在发现了超导理论和"库珀对"之后，1958年，库珀去了布朗大学任教直至退休。而施里弗在1980年到了加州大学圣巴巴拉分校，那里有一个著名的理论物理所，他在那里担任所长。

# 四、量子通信

量子力学在未来还有一个重要的应用是量子通信。

2016年，我国用长征二号丁运载火箭发射了一颗"墨子号"通信卫星，它跟中国历史上发射过的所有通信卫星完全不同，墨子号卫星上携带了发射激光的仪器和接收激光的仪器。为什么要发射激光和接收激光呢？这关系到墨子号实验的主要目标：通过地对空、空对地的方式来验证地面上量子信息的传输。

什么是量子信息传输？要解释这个这个问题，我们要先了解经典信息传输的原理。

传统的经典信息传输很容易被理解。两个人面对面谈话，一个人说出一串字符（因为每句话都由字符构成，字符再变成声音），另一个人听到后，把这个声音在大脑中转换成文字，就能知道这句话是什么意思了。对话是最简单的经典信息传输方式。

比对话稍微高级一点的信息传输就是有线通信或者无线电通信，也就是把我们说的每个音翻译成电信号，然后把电信号通过无线电或者有线的方式传给对方，对方把接收到的电信号再转换成声音，这样就完成了一次通信。如今的通信设备，有时候都不需要转换，就可以直接在手机里变成文字或者图像，这些就是经典通信。

**淼叔说量子力学：**
想象一个微观世界

· 无线通信

100多年前，经典通信是用电码来实现的，而现在则是用字符，也就是0和1。我们可以用0和1来翻译所有的语言。比如，我要传送 "量子通信" 四个字，把 "量" 字翻译成一串字符，翻译结果并不是简单的0和1，而是一连串的0和1；"子" 字也是一连串的0和1，当然，组合方式与 "量" 字不同；"通" 和 "信" 也是如此。

0和1的不同组合方式都对应着不同的文字，到达接收方后，又被翻译成文字。这样就完成了通信的过程。我们平时使用的手机、电脑等，都是这样完成通信的。

还有一种通信是保密的。我们日常通信时使用的字符与文字之间的对应方式是公认的，但如果我们想进行秘密通信，让其他人无法解读通信内容，那么我们可以和接收方约定一个新的、只有彼此知道的字符与文字的对应方式，这样一来，其他人用公认的方式就无法解读了，这就是密码。但密码并不保险，因为当发送方和接收方约定密码的时候，第三方是可以窃听的。

世界上有没有一种通信方式是可以绝对保密的呢？有，它就是量子通信。量子通信就可以保证通信内容不被窃听，或者让窃听结果无效。之所以能做到这一点，就要归功于不确定性原理。不确定原理又叫测不准原理，是说一个微粒的位置和动量不能同时被确定。

首先，量子的不确定性产生了一个定理，叫作量子不可克隆定理。这就意味着我们没有办法有效地拷贝量子态。

如果你手里有一份白纸黑字的报纸，报纸和照片上面的图像和文字是确定的，每一个字以及它们的位置都是永远不变的，那么你就可以用复印机把它完完全全地拷贝下来。

但量子态有不确定性，它总是在变。我们前面说过，可以把文字翻译成由0和1组成的一串字符，但量子的字符在每一个位置上出现的概率都是不确定的。在一个位置上，0出现的概率有可能是50%，1出现的概率是50%；也可能0出现的概率是30%，1出现的概率是70%。

这就说明，在这个位置上本来只有0或1这两种可能性，而现在却有了无限多的可能性，因此我们很难把它拷贝下来。复制一个状态未知的系统的过程就会破坏它的状态，这就是量子不可克隆定理的含义。

那么量子不可克隆定理能够怎样应用呢？

假设我们要传送一串量子字符给另一个人，这串字符一共有10位，但每一位上的0和1都不确定。那么，如果有第三方想要窃听，他应该怎么做？

按照传统做法，他需要先接收到字符，然后拷贝下来，再把字符传送给原本的接收方。然而，量子不可克隆定理有两个含义：第一个是严格的无法拷贝；第二个是可以拷贝，但会破坏本来的信号。

如果想让窃听有效，就必须保证原来的通信双方还可以继续通信，也就是让原本的接收方原原本本地收到信息，这样才能迷惑对方。

但是量子不可克隆定理告诉我们，这是做不到的。第三方一旦拷贝了信息，就会破坏信息，再传送出去的信息就和原来不一样了。也就是说，无法在原发送方和原接收方之间对通信内容进行截和。例如，当一个间谍将自己窃听到的信息拷贝并再次传送给该信息原本要传达的对象时，他原本捕获到的信息——"明天我们在某某地方碰面"——在拷贝后可能就变成了"明天我们不碰面"，窃听因此无效。

还有一种可能就是信息根本无法拷贝，第三方只能让原来的信息原原本本地发出去，而且无法知道信息的含义。这就是量子不可克隆定理的重要应用。

与量子通信类似的是量子隐形态传输。量子隐形态传输就用了量子纠缠的特性。量子纠缠是说一对粒子发生相互作用，无法单独描述其中一个粒子的性质。此时，一个粒子的性质与另一个粒子的性质绑定在一起了。这里有一个"第三只鞋"的故事，能够很形象地解释量子隐形态传输的基本原理。

有了量子力学，我的秘密就不会被别人听到了。

## 量子力学改变现代技术

我们平时穿的鞋都是确定的。一只鞋，要么是左脚的，要么是右脚的；一双鞋子，一只是左脚的，那另一只肯定是右脚的。但如果是一只量子鞋，我们就无法知道它是左脚的还是右脚的。它可能50%的概率是左脚的，50%的概率是右脚的；也有可能30%的概率是左脚的，70%的概率是右脚的。

现在，假如我要把一只量子鞋送给月亮上的小伙伴，但是传送过程中，这只鞋有可能会变化。这个时候，我应该如何确保这只鞋在我手里时和到达小伙伴手里时是一致的呢？

有一个绝妙的办法：不传送这只鞋，而是另外准备一双量子鞋。虽然我无法确定每一只鞋是左还是右，但它们必定是一左一右，这就是"量子纠缠鞋"。

我把另外准备的这双量子鞋分开，第一只留在自己手里，第二只送给月亮上的小伙伴，把原本想送的那只鞋当作第三只。第二只在传送的过程中，无论怎样变化，它总是跟我手里的第一只鞋是纠缠的，永远是一左一右。

当小伙伴收到第二只鞋后，我就要做个实验了，我要看一看我手里的第一只鞋和第三只鞋是什么样子的。我的观测结果会有三种可能性：两只鞋同时是右脚鞋；两只鞋同时是左脚鞋；一只是左脚鞋，一只是右脚鞋。

如果同时是右脚鞋，说明我要送的就是右脚鞋，而已经传到小伙伴手里的一定是与右脚鞋发生纠缠的左脚鞋，那么我把这个消息告诉小伙伴后，小伙伴只要把他的鞋翻转一下就变成右脚鞋了。

如果我手里的鞋都是左脚鞋，说明我要送的就是左脚鞋，而已经传到小伙伴手里的一定是与左脚鞋纠缠的右脚鞋，那么小伙伴只要把他的鞋翻转一下就变成左脚鞋了。

如果我手里的鞋是一左一右，那么小伙伴就不用动他的鞋了，因为他的鞋和第一只鞋是纠缠的，而第一只鞋又和第三只鞋是纠缠的，都是一左一右，所以他手里的鞋一定跟第三只鞋是一样的。这就是"第三只鞋"的故事，也就是量子隐形态传输的基本原理。

现在，假定我传送的不是一只量子鞋，而是一串量子鞋，这一串量子鞋就变成一个量子信息，那么我应该怎样做？其实，和

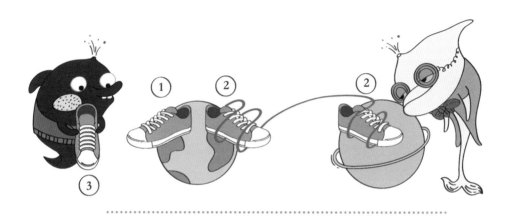

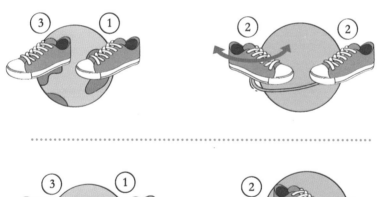

· "第三只鞋"的故事

前面的方法一模一样，既然我可以把一只鞋拷贝到月亮上去，那么我也可以把一串鞋拷贝到月亮上去。

就像电影《星际迷航》里一样，库克船长和他的小伙伴们站在灯光下一照，突然就在另一个地方出现了。其实，库克船长和他的小伙伴们并没有真的被传送过去，而是仍然留在原地，他们事先准备了另外两堆互相纠缠的东西，把其中一堆传送到目的地，然后再把留下的那一堆与库克船长和他的小伙伴们进行对比，整个过程与"量子鞋"是相似的。

# 五、材料科学

其实在材料科学的背后，也是量子力学在做支撑。

首先，我们来说说晶体。

我们所熟悉的盐就是一种晶体。盐粒通常是呈立方体形状的，如果把一颗盐粒打碎，它就会变成一些更小的盐粒，而这些更小的盐粒也是立方体形状的。如果你有本事继续打碎它，那么它就会变成更小的立方体。如果这样一直打碎下去，碎到只能用显微镜来观察，你就会发现，每一颗碎盐粒依然是立方体形状。

如果我们去看盐里面的结构，就会看到整齐排列的原子。盐的主要成分是氯化钠，是一种化合物，它的每一个分子由钠原子和氯原子组成，它们是整整齐齐地排列的。也就是说，每相隔一个固定的距离有一个钠原子，氯原子也是如此。正是因为盐里面

· 雪花晶体

的原子总是排列得整整齐齐、四四方方，所以，无论盐粒被打碎成多小的晶体，它的形状总是四四方方的。我们把这种粒子在空间上整齐排列的固体叫作晶体，盐就是一种特殊的晶体。

当然，还有一些更加复杂的晶体，它们的粒子排列不是那么四四方方的，有可能是呈正四面体状或者其他形状。总之，用物理学术语来说，它们的排列都有一种对称性。

我们平时还会接触到很多金属，比如铁和钢等。其实，所有

## 量子力学改变现代技术

金属也都是晶体。钢是一种非常有趣的晶体。人类在早期的时候并没有发现钢，那时只有铁。铁相对于钢来说，没有那么结实和坚硬，而且容易生锈，因此铁的使用效果远远不如钢。

钢跟铁不一样，它是一种合金。铁是纯粹地含有铁原子，而钢除了含有铁原子之外，还含有一些碳原子，这些碳原子和铁原子混杂起来，同样整齐地排列，使得新的晶体比原来的铁更坚固。但是，钢里面含的碳是有讲究的。一般来讲，最结实的钢里面需要掺入1%的碳，如果碳含量小于1%，那么钢就不够结实；如果碳含量大于1%，那么钢虽然坚固，但是也会因此变得很脆。

人们是在炼铁时偶然炼出了钢，因为炼铁需要烧炭，而木炭里面的碳原子由于非常偶然的原因掺入了铁水中，使得铁水变成了钢水，这就是炼钢技术的由来。

炼钢是一门非常高深的学问。直到20世纪，随着化学和量子力学的发展，人们才有了系统的炼钢方法。英国的一位名叫亨利·贝塞迈的工程师发现，如果把铁水熔化，把空气灌入熔化的铁里面去，就很容易炼出钢来。因为空气中的氧与铁中的一部分碳发生反应，产生了二氧化碳，这样就把铁水里的一些多余的碳带走了，剩下的大约是1%的碳。这样一来，液体凝固后就变成了真正的钢。有了这个发现以后，炼钢技术就开始普及了。

日本著名的武士刀非常锋利。武士刀是用玉钢制成的，而玉钢是用太平洋的火山铁砂炼成的，由于原材料的原因，玉钢非常锋利。所以，日本的武士刀才会如此有名。

除了铁和钢以外，还有一种我们非常熟悉的材料——不锈钢。不锈钢比钢出现得更晚。钢尽管很坚硬，但还是会生锈，使用一段时间后，钢里面的铁就会和空气中的氧气发生氧化反应，变成氧化铁。氧化铁是黄红色的，也就是铁锈。

不锈钢是一种比钢更加复杂的合金。在钢里面加入一些铬就可以制成不锈钢。铬也会被氧化，形成氧化铬，而且铬比铁更容易被氧化，于是铬就会抢先和氧结合成氧化铬，而氧化铬是透明的，这样一来，就会形成一层透明薄膜，把钢包住。所以我们看到的不锈钢总是锃亮的。

如果把薄膜磨掉，里面的铬就会继续和氧发生反应，形成薄膜，再次把钢保护起来，这就是不锈钢总是"不锈"的原因。


我们日常生活中经常接触到的材料还有水泥，水泥是一种很神奇的东西，它是怎么来的呢？

水泥在自然界中其实是存在的。在古时候，它存在于意大利的火山灰里面。人们把火山灰拿来，然后搀入适当的水，建造成非常古老的意大利建筑，这些建筑历经上千年甚至两千年，至今依然坚固。

到了现代，人们才认识并发现了水泥的科学原理。水泥是由硅酸钙纤维组成的，加入适当的水后，硅酸钙纤维就会把水锁住，然后慢慢凝固，变成固态的水泥。凝固后的水泥其实是永远不会干的，因为被硅酸钙纤维锁住的水永远不会蒸发，永远被锁住。而随着时间的推移，硅酸钙纤维会把水锁得更结实，所以，水泥会越用越结实。

虽然固态的水泥很结实，但是用水泥制成的宽水泥板容易断裂，于是人们又想到在混凝土中加入钢筋，钢筋很坚韧。当温度变化时，钢筋膨胀和缩小的程度和水泥是一样的，因此在水泥中加入钢筋比加入其他金属更加牢固。

接下来，我们来说说玻璃和水晶。

玻璃其实是二氧化硅分子形成的一种固态，当二氧化硅分子杂乱地排列时，就变成了玻璃。如今，玻璃很常见，但是在古代，玻璃并不常见，所以很名贵。最主要的原因就是把天然的石头里面的二氧化硅变成玻璃比较困难，因为一旦稍微掺入一点杂质，它就会变得不透明。

玻璃为什么是透明的？这也可以通过量子力学来解释。二氧化硅中的电子会吸收光，但是，它通常不会吸收可见光，因为可见光不足以被它的电子吸收；如果要把电子激发起来，需要比可见光更高能量的光子。这样一来，可见光就很容易通过玻璃，所以，玻璃看起来就是透明的。

虽然玻璃已经不再名贵，但水晶还是比较名贵的。水晶其实是玻璃的另一种状态。玻璃中的二氧化硅分子排列得比较杂乱无

章，但是，当这些分子排列成有对称性的六角柱状时，就变成了水晶。水晶有很多不同颜色的品种。在二氧化硅中掺入不同的金属，形成的化合物的复杂分子会吸收、反射不同的光，从而使得水晶呈现出不同的颜色。比如，紫水晶是在二氧化硅中掺入了一些铁和锰；黄水晶是在二氧化硅中掺入了铁；粉水晶是在二氧化硅中掺入了钛和锰等。

接下来，我们来谈一谈碳。

我们现在用的铅笔笔芯的主要成分是石墨，是碳元素的一种同素异形体。如果用显微镜看石墨，我们会发现里面的碳是一层一层累加起来的，每一层都非常对称，呈现出两维六角形的排列顺序。十几年前，出现了一种非常新颖的材料，叫石墨烯。石墨烯是怎么来的？简单来说，把石墨一层一层剥下来，最后剩下一层只有一个原子厚的石墨，就是石墨烯。

钻石中含有的元素也是碳元素。钻石中的碳不是一层一层排列的，而是呈四面体形状排列。四面体的每个面都是三角形，有四个顶点，每个顶点上有一个碳原子，中间还有一个碳原子，把这样的四面体一层一层累加起来，就形成了钻石。钻石是地球上的天然固态里面最坚硬的物体，因为碳原子成四面体排列能够形成非常坚固的力量。

那么钻石为什么会呈现五彩缤纷的颜色呢？是色散的效果。如果用玻璃制成一个三棱镜，把不同颜色的光射进去，会发现每种颜色的光的折射力不同，这种现象就叫色散，是牛顿发现的。

而钻石的色散能力比玻璃更强，因此钻石看上去是五颜六色的。

最后，我们简单地了解一下时间晶体。

晶体中的分子或原子是整齐排列的，这里我们指的是空间上的整齐排列。但是，时间晶体中的分子或原子在空间上是整齐排列的，但是在时间上会发生变化。也就是说，每隔一段时间，它的分子或原子会移动一定的距离，这就是科学家们最近发现的时间晶体。

第 6 章

# 关于量子力学的一些问题

量子力学给我们留下了不少困惑。它真的能够证明灵魂的存在吗？霍金是如何发展量子论的？黑洞里面是什么？黑洞会发光吗？

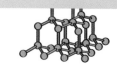

# 一、量子力学与人类意识

天为什么是蓝的？

石头为什么坚硬？

铁烧热了为什么是红的？随着温度的增加为什么又从红色变成白色……

这些问题都可以通过量子力学来解释。

然而从冷冰冰的无机世界到生机勃勃的动物世界，现象变得越来越复杂。虽然原则上没有任何现象不能被科学所解释，但仍有一些现象目前还没有办法得到解释，而这会启发我们发展新的科学。

随着大众对"量子"越来越熟悉，有人问，既然量子世界如此神奇，那么量子力学是否能够证明人类灵魂的存在？量子世界

# 关于量子力学的一些问题

观是否与佛教世界观存在相似之处？我的观点是，量子力学是量子力学，佛学是佛学，两者是独立的、不相关的。量子力学并不支持灵魂存在，更不支持不朽灵魂的说法。

有人会说，可是量子力学和佛学在世界观上有相似之处。佛家有一个著名的典故：六祖惠能在给弟子讲经时，一阵风刮来，吹动了一面幡，一个弟子说是风在动，另一个弟子说是幡在动，惠能听后说道："不是风在动，也不是幡在动，而是你们自己心在动。"

这个典故是唯心主义哲学的体现。唯心主义认为，客观世界不存在，只有人的主观意识才是真实的，人在心里想象这个客观世界是什么样的，世界中就会出现什么样的东西。只要我觉得风和幡都没有动，它们就没有动。你看，这不是和哥本哈根解释很类似吗？当我们观察一个粒子的某个性质的时候，它才具有这个性质；而在我们不观察的时候，这个性质可以看作是不存在的。这不就是说，客观世界是由人的思维和行动来决定的吗？

当然不是这样的。爱因斯坦曾经表达过一个观点：当你抬头看太阳的时候，会发现太阳是存在的；但是当你不看太阳的时候，难道它就不存在吗？当然不是，太阳依然还是存在的。

尽管我们不去观察一个粒子，但是这个粒子还是存在的。尽管我们不需要观察这个粒子的位置，但是只要其他粒子还存在，其他粒子和这个粒子之间依旧能够体察到对方的位置。它存在与否，不是由人来决定的。从哲学上看，量子力学的世界观并不是唯心主义，这就是量子力学和佛学之间的不同之处。

当然，科学家之间也有不同意见。几年前，朱清时院士写的一篇文章——《客观世界很有可能并不存在》在网络社交平台上风靡一时，也掀起了关于量子力学与人类意识之间的关系的讨论。在这里，我站在朱院士的对立面，来分析一下他在文章中的观点。

《客观世界很有可能并不存在》的一个主要观点是：没有意识就没有客观世界。

我们先引用一下朱院士的主要论据之一，他说：

## 关于量子力学的一些问题

　　量子力学就像是在说你的女儿既在客厅又不在客厅，你要去看这个女儿在不在，你就实施了观察的动作。你在观察时，这个女儿的存在状态就坍缩了，她就从原来的，在客厅又不在客厅的叠加状态，一下子变成在客厅或者不在客厅的唯一状态了。所以量子力学怪就怪在这儿：你不观察它，它就处于叠加态，也就是一个电子既在A点又不在A点。你一旦进行观察，它这种叠加状态就崩溃了，它就真的只在A点或者真的只在B点了，只出现一个……所以波函数，也就是量子力学的状态，从不确定到确定必须要有意识的参与，这就是争论到最后大家的结论。


　　朱院士在这里说的，其实是量子重叠原理。在量子力学中，微观客体，比如一个原子，会处于量子态中。而每一个量子态都是至少两个其他量子态重叠而成。从位置上说，一个微观客体因为重叠原理，可以既在这里，也可以在那里。但是几乎所有宏观客体并不处于量子态，原因很简单：一个宏观客体总是不断地与其他客体接触，接触之后不免互相作用。这种作用，其实就是类

· 女儿既在A又在B

似朱院士说的"观察"。宏观客体一旦与别的物体接触，就不会处于量子态中。所以"你的女儿"也不会处于"既在客厅又不在客厅"这种量子叠加态中（在客厅是一个量子态，不在客厅是另一个量子态）。这样看来，世界还是如前面说到的唯心主义哲学所主张的，世界存不存在，依据人的主观意识。

其实朱院士在这里做了一个误导，他将人的意识拔高到只有意识才会造成量子态崩溃的高度。但实际上，还有其他因素也可以造成量子态崩溃。只要空气或者其他类似的环境存在，"你的女儿"马上就只能选择一种状态——在客厅或者不在客厅，不可能处于"在客厅又不在客厅"的状态。反而实验物理学家现在还做不到将"你的女儿"置于既在客厅又不在客厅的这种状态。也就说，人的意识对客观世界的干预能力并没有想象地那么大。

文章的另一个中心论点是物质世界与意识不可分开。也就是说，没有意识就没有物质世界。如果他是对的，倒是一劳永逸地解决了宇宙学家的一个终极问题：我们这个宇宙中为什么存在意识？因为，按照这样的观点，既然有物质，也就有了意识，我们不需要单独去论证意识为什么会出现。

但是，事情当然没有这么简单。我们先做一下逻辑反推：如果不管人类去不去测量，客观事物都是存在的，那么"没有意识就没有客观世界"的结论就不能成立了。

在物理学中，当我们谈论一个客体时（比如一个电子、一只猫，或"你的女儿"），我们就要为这个客体赋予一些量。我们以电子为例。

电子有三个最重要的量，并以之区别于其他基本粒子。第一个就是质量。不论意识去不去测量，电子的质量是固定的，大约是 $10^{-27}$ 克。

电子第二个重要的量是电荷。电子带负电荷，其大小为 $1.6 \times 10^{-19}$ 库伦。怎么去测量电子的电荷呢？让一个运动的电子穿过磁场，看电子路径的弯曲程度就能测量它的电荷了。同样，不论我们去不去测量这个电荷，这个电荷永远不变。

电子的第三个重要的量是自旋。电子的自旋和其质量以及电荷一样，总是不变的，无论我们去不去测量，它总在那里。当然，我们还会说电子有轻子数，用以区别与其他粒子如核子的不同。同理，轻子数也不变。

电子是粒子，所以电子可以有位置和速度。根据量子力学，在我们去测量电子的位置之前，位置是不确定的，它可以同时处于不同的位置。但是，电子可以同时处于不同的位置不等于电子不存在。或者说，当我们不去测量它的位置时，不等于说电子就不存在。只能说，电子的物理状态很奇特，它可以处于不同位置状态的叠加之中。

既然电子的质量、电荷以及自旋与测量无关，我们就没有理由说没有意识，电子就不存在。我们只能说，不测量一个电子的位置时，我们不知道它的位置。电子也不会凭空消失，我给你1克电子，我清楚地知道这1克电子里电子的数量，这是永远不变的，这些电子不会凭空消失。

我已经说明了，测不测量不会决定一个客观事物存不存在。那么测量和意识之间到底有什么关系，以及为什么测量会让电子的位置显示出来。

我们先要知道测量这个概念。在我们的日常生活中，当说到测量的时候，我们往往是指测量一个物体的某个性质。比如用一把皮尺去量一根竹竿的长度，用一杆秤去称一袋橘子有多重。竹

竿的长度由皮尺上的刻度来展现，橘子的重量由秤上显示的数值

来展现。这种"测量"的概念，关注的是测量这一动作和结果。

但是在现代物理学里，测量是指两个系统的纠缠。比如，我去称

体重，体重秤的指针指在70千克，这是指针的状态，而我的体重

是我身体的状态。我的体重和指针的方向纠缠在一起了，这就形

· 体重和指针状态纠缠，指针显示
  的数字代表了测量者的体重

成了一个测量。

再比如，我们将一个电子打到一个荧屏上，荧屏的一个地方亮了，我们就能得知电子的位置。这说明电子的位置与荧屏发光的位置纠缠在一起了，即使没有人去看，这个纠缠也是存在的。

现在的情况则是三个系统纠缠在一起了：电子的位置，荧屏发光的位置，以及人眼接收到了荧屏发光位置发出的光子。我们看到，这三个系统不过是纠缠在一起，并没有谁先谁后的问题，也没有哪个系统更重要的问题。我们还可以类似地推论下去：人眼接收到光子，在视网膜上产生电信号，通过神经网络进入人的大脑……这个链条可以变得很长，最后，才是人的意识。

我们之前提到过，在量子力学中有一个术语叫退相干，即一个系统如果和一个特别大的系统接触后，这个系统会很快地选择一个我们熟悉的古典状态，而不再同时处于两个量子态的叠加之中。"薛定谔的猫"要么生，要么死。同样，当我们测量电子的位置时，由于荧屏是个很大的系统，电子会很快处于一个固定位置的状态。即使我们不去测量，电子遇到荧屏也会有固定的位置。有没有我们的参与，并不会有影响。

意识只是众多"测量"的可能性之一。比如，用荧屏测量电子的位置，其实不管有没有人，荧屏已经和电子产生了作用，使得电子的"波函数塌缩"了。荧屏被电子打到的那个地方发出了光，入射到我们的眼睛里，然后视觉神经再将这个射到我们眼里的光转化成信号送到大脑中，我们的"意识"才启动，于是我们就看到了电子的位置。


意识是如何产生的呢？

传统认知科学和心理学认为意识无非是我们大脑中神经元集体作用的结果。并且，神经元之间通过放电互动，看上去应该和量子力学没有任何关系。也许，随着大脑科学以及物理学之间有机互动的发展，人们会发现大脑中存在量子过程，并且这些量子过程在意识发生的过程中起到非常重要的作用。也许，关于人类是否有自由意志的争论会随着大脑中量子过程的发现有一个最终结论。

即使如此，人类大脑中的量子过程并不会和宇宙中任何其他地方的量子过程纠缠在一起，就像一个氢原子中的电子肯定不会和一个遥远的氢原子中的电子发生纠缠一样；就像科学家利用量子信息科学实验的量子通信不会和宇宙中一个遥远的量子系统有任何纠缠。

人类在未来也许会实现量子计算机，也许会实现宏观物体的量子传输，甚至会将人类的意识保存起来，但这和自然界中的"灵魂"没有任何关系。


总之，量子力学和人类意识之间或许会有联系，但是它和灵魂并没有直接关联，也无法成为灵魂存在论的有力证据。这只是科学与宗教被硬绑在一起。

我们这个时代非常奇怪。当科学技术越来越发达时，当人们越来越依赖科技带来的各种便利时，科学的话语权也因此变得越来越重要，这就使得一些人将科学看成一种万能的工具。

另一方面，人们生活节奏的加快以及随之而来的压力又致使一部分人到宗教那里寻找精神依靠。而科学话语权霸主的地位，又让某些宗教人士以及偏好宗教的人到科学这里寻找"依据"，有些人甚至说"科学的尽头是宗教"等。其实，宗教和科学爬的本来就不是同一座山。

费曼在一篇文章里说，科学与宗教的区别是，前者的核心是不确定性，后者的核心是确定性。解释一个现象的科学学说是临时的，需要越来越多的证据进行论证，所以是统计性质的。宗教则相反，宗教上的一个断言往往被认为是百分之百正确的。当然，佛教是一个独特的宗教，有一定的哲学成分。即便如此，量子力学也不能用于支持某些说法，例如世界是虚幻的、灵魂是存在的。

让科学的归科学，宗教的归宗教，才是宗教和科学相处的最好方式。

## 二、霍金的黑洞研究
## 与量子力学

最后我们再来说一说量子力学在宇宙学中所取得的重要成就，也就是著名物理学家斯蒂芬·威廉·霍金最重要的发现——黑洞蒸发。

我们先简单了解一下霍金。霍金或许是知名度最高的理论物理学家，因为他有一本畅销世界的科普书叫作《时间简史》。这本书出版于1988年。本来，霍金打算取的书名是《从大爆炸到黑洞》，但他的编辑认为这个书名一点也不讨好。虽然霍金当时在科学界的名气已如日中天，但他并不了解图书市场，所以最终听从了编辑的建议。他的编辑叫西蒙·米顿，是剑桥大学的一位研究高能天体物理学的天文学家，同时也是一位科普作家，写过很多关于天文学和宇宙学的科普著作。

淼叔说量子力学：
想象一个微观世界

在《时间简史》出版之
后，霍金又出版了8本科普著
作，其中一本叫作《黑洞不
是黑的》。不为大众熟知的
是，霍金在学术界最有名的
著作并不是《时间简史》，
而是他和另一位物理学家埃
利斯写的作品《时空的大尺
度结构》。这本书很抽象，
但影响了几代物理学家。写
这本书的时候，霍金才只有
31岁。同样是在这一年，霍
金做出了黑洞会蒸发这一发现。

· 霍金

　　"黑洞蒸发"是什么意思呢？我们首先需要知道黑洞是什么
东西？

202

# 关于量子力学的一些问题

黑洞是指时空中的一个特定区域，该区域有很强的引力，足够使得任何粒子和电磁辐射都无法逃脱。

黑洞的发现有一个过程。早在20世纪30年代末，美国物理学家奥本海默及其学生就发现爱因斯坦的理论包含了一个惊人的预言：一颗很重的恒星燃烧到最后，会在万有引力的作用下，无限地坍缩，从而制造出密度非常高的堆积体，密度高到连光都无法穿越，最终形成一种很奇怪的天体。这种奇怪的天体除了质量之外，什么都没有。当然，如果本来的恒星有转动，那么最后，这种奇怪的天体，除了质量以外，还有一个量，叫作角动量。

这种奇怪的天体有一个边缘，什么物质都没办法逃出这个边缘，包括光。物理学家对这个边缘有个专门的术语，叫作视界，因为我们的目光只能抵达那里。

在视界里面，有个质量堆积的密度无限大的中心，在这个地方，空间会无穷地弯曲，物质密度会无限扩大。其实，这个中心就是我们通常所说的奇点，它并不是空间上的一个点，而是时间的终结。

惠勒最先反对这个结论。1958年，在比利时的一场会议中，他与奥本海默对质。惠勒说，这个坍缩理论不能很好地解释这颗恒星中的物质的命运，而且，物质怎么可能会发展到没有物质而只有质量的这么一个状态呢？但是很快，当解释这颗坍缩恒星内部和外部的数学理论出现时，惠勒和其他一些学者就被说服了。

　　1967年，在纽约的一次会议上，惠勒为了说服场下的听众，灵机一动，想到了用"黑洞"这个词来描述这颗恒星可怕和充满戏剧性的命运。从此，"黑洞"这个词就流传开来了。

　　在惠勒1967年使用"黑洞"这个术语之前，这种奇怪的天体不叫"黑洞"，而是叫"冻星"。惠勒新造的这个词强调，坍缩的恒星残余本身是非常有趣并且是值得研究的。但是，"黑洞"这个词和它形成的过程没有关系。

　　惠勒还指出，黑洞除了质量和角动量之外，没有任何其他表面上可以看到的现象和性质，它不像恒星能够千变万化，因此黑洞是"无毛"的。

　　黑洞无毛论导致了物理学中的一个巨大的矛盾。比如，当我们向黑洞里面扔东西时，无论我们扔什么，黑洞增加的只有质量，最多还有角动量。这意味着，一切信息扔进黑洞后，都会被毁灭。

如果黑洞还像经典物理学说的那样是永恒不变的，也不蒸发，那么我们就不必特别担心信息被毁灭，因为我们那些信息被藏在黑洞里了。甚至有人还猜测，黑洞到了奇点那里，时间虽然终结了，但同时又打开了一个口子，这个口子通向另外一个宇宙，这样一来，信息可能就会流窜到另外一个宇宙中去了。

但霍金发现，黑洞是会蒸发的。

什么是黑洞蒸发？

黑洞蒸发也叫霍金辐射，是以量子效应理论推测出的一种由黑洞散发出来的热辐射。这里面的原理是什么呢？

我们前面说过，场满足不确定性原理，而粒子又是场的量子。场在真空中一直在涨落，其表现为粒子和反粒子不停地产生又消失。

物理学家施温格发现，如果我们在真空里放一个电场，就会让带电的粒子不断地产生。因为真空里本来就有粒子和它们的反粒子不停地产生又消失。一旦有了电场，带电的粒子就会被电场加速，带正电的粒子沿着电场的方向走，而这个粒子的反粒子带负电，会沿着电场的相反方向走。这样，两个粒子就被拉开了，因为不会再互相找到对方而湮灭了。

在这个过程中，能量还是守恒的，粒子和反粒子所带的能量其实来自电场的能量，也就是说，产生一个粒子对，电场就会减弱一点。

根据爱因斯坦的理论，黑洞会产生引力场。如果我们将引力场和电场类比，就会发现，引力场也会产生粒子对。在这个过程中，引力场的能量被粒子对带走了。于是，霍金发现，对于黑洞来说，真空被黑洞改变了，就像前面谈到的真空会被电场改变。粒子对在不断地产生和消失，一个粒子和它的反粒子会分离很短的一段时间，于是就有以下三种可能性：两个"伙伴"重新相遇，并相互湮灭；粒子被黑洞捕获，而反粒子在黑洞的外部出

· 黑洞里面是另一个宇宙吗

现；两个粒子都落入黑洞。

霍金对此进行了计算。当一个粒子掉进黑洞里，黑洞自发地损失了能量，也就是损失了质量，而在外部会出现一个粒子，能量依然是守恒的。光子其实也是粒子，所以黑洞辐射光子，就会发光了。

霍金还得出一个结论：黑洞辐射粒子的方式很像普朗克当年发现的黑体辐射谱。也就是说，黑洞就像一个有温度辐射的天体。这个说法非常有意思。本来我们以为，黑洞吸收一切物质，光也逃不出来，所以黑洞是黑的，这也是当年惠勒给黑洞取名为"黑洞"的原因。如今，霍金发现黑洞并不黑，而且还有温度，这是一个震惊物理学界的发现。

当然，黑洞的质量越大，引力场其实越弱。再者，因为黑洞比较大，所以外部的尺度就比较大，根据万有引力的大小与距离平方成反比的规律，引力就比较弱。于是，黑洞越大，辐射就越弱；黑洞越小，辐射就越强。

因此，霍金得出结论：大的黑洞温度低，小的黑洞温度高。

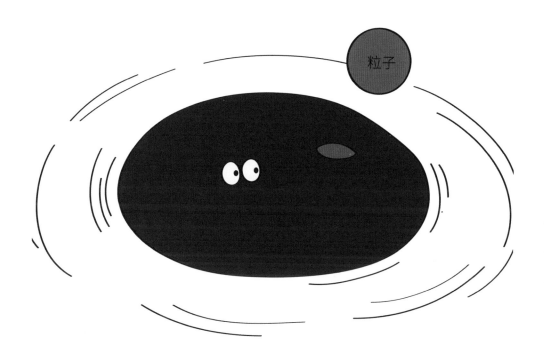

· 黑洞蒸发的一种可能：粒子被黑洞捕获，而反粒
子在黑洞的外部出现

原则上来讲，黑洞的温度会随着黑洞的质量变小而无限升高。当然，黑洞的质量不会无限小，所以黑洞的温度也会有一个上限。

黑洞蒸发后剩下的不过是一堆热辐射和热粒子（带有温度的粒子）。这些热辐射和热粒子里面不含任何信息。这意味着，假如我们之前往黑洞里投放过信息，那这些信息就都找不到了。

这就比较可怕，因为传统的物理学认为信息是守恒的。举个例子，假如我们烧了一块木头得到了一堆灰和烟雾，如果我们能精确地测量这堆灰和烟雾，从原则上来讲，原来的信息就在这堆灰和烟雾的粒子里面。

霍金的发现引发了巨大的争论：黑洞的形成和蒸发是否破坏了信息守恒？是否破坏了保证信息守恒的量子力学？如果信息不守恒，是否就要对量子力学进行修改？

这真是一个世纪大争论。因为我们知道，量子力学是继牛顿力学之后，整个物理学的基础。而黑洞的量子信息问题则是万有引力本身和量子力学根深蒂固的矛盾问题。

# 关于量子力学的一些问题

从20世纪60年代，惠勒等人确定黑洞是存在的开始，物理学家们已经耗费了很多人力和时间来研究万有引力和量子力学的结合，也就是量子引力理论。我们以前提到量子力学可以和电磁学相结合，可以和弱相互作用相结合，也可以和强相互作用相结合。我们希望有一天，它也能和万有引力理论结合。

可是在过去60多年，物理学家们发现，量子力学和万有引力很难结合在一起。人们一直在解决这个问题的道路上狂奔，也许一直都看不到尽头。我本人对此有点悲观，我个人认为量子力学和万有引力结合的问题也许还需要几百年才能真正地被解决。问题到底出在什么地方呢？我觉得问题出在很难通过实验来检验物理学们众多的想法。

最后，我用一句话来为量子力学的内容做个总结：量子力学肯定是解释这个世界的正确理论，量子力学接下来还会被更广泛地应用到我们生活的方方面面。但是，量子力学最后的一个难题，即量子引力理论，可能还需要几百年才能被解决。

图书在版编目(CIP)数据

森叔说量子力学:想象一个微观世界/李淼著. —福州:海峡文艺出版社,2022.11
ISBN 978-7-5550-3132-1

Ⅰ.①森… Ⅱ.①李… Ⅲ.①量子力学－普及读物 Ⅳ.①O413.1－49

中国版本图书馆 CIP 数据核字(2022)第 168182 号

**森叔说量子力学:想象一个微观世界**

李　淼　著

**出 版 人**　林　滨
**责任编辑**　邱戊琴
**编辑助理**　王清云
**出版发行**　海峡文艺出版社
**经　　销**　福建新华发行(集团)有限责任公司
**社　　址**　福州市东水路 76 号 14 层
**发 行 部**　0591－87536797
**印　　刷**　福州德安彩色印刷有限公司
**厂　　址**　福州市金山工业区浦上标准厂房 B 区 42 幢
**开　　本**　700 毫米×890 毫米　1/16
**字　　数**　118 千字
**印　　张**　13.75
**版　　次**　2022 年 11 月第 1 版
**印　　次**　2022 年 11 月第 1 次印刷
**书　　号**　ISBN 978-7-5550-3132-1
**定　　价**　45.00 元

如发现印装质量问题,请寄承印厂调换